热爱生活
相信未来

徒手健身

吴振巍 编著

北京理工大学出版社
BEIJING INSTITUTE OF TECHNOLOGY PRESS

版权专有 侵权必究

图书在版编目（CIP）数据

徒手健身 / 吴振巍编著. —北京：北京理工大学出版社，2017.6（2020.7 重印）
ISBN 978-7-5682-3526-6

Ⅰ.①徒… Ⅱ.①吴… Ⅲ.①健身运动 – 基本知识
Ⅳ.① G883

中国版本图书馆 CIP 数据核字 (2016) 第 323401 号

出版发行 / 北京理工大学出版社有限责任公司	
社　　址 / 北京市海淀区中关村南大街 5 号	
邮　　编 / 100081	
电　　话 /（010）68914775（总编室）	
（010）82562903（教材售后服务热线）	
（010）68948351（其他图书服务热线）	
网　　址 / http://www.bitpress.com.cn	
经　　销 / 全国各地新华书店	
印　　刷 / 雅迪云印（天津）科技有限公司	
开　　本 / 787 毫米 × 1092 毫米　1/16	
印　　张 / 16.75	责任编辑 / 梁铜华
字　　数 / 313 千字	文案编辑 / 梁铜华
版　　次 / 2017 年 6 月第 1 版　2020 年 7 月第 6 次印刷	责任校对 / 周瑞红
定　　价 / 68.00 元	责任印制 / 边心超

图书出现印装质量问题，请拨打售后服务热线，本社负责调换

前 言

很少有一项健身运动,从一开始就把训练目标放在改变你的运动模式,改变你的坐、立、行、卧等众多姿态、体态这样的一个目标上。普拉提就是这样一项运动。它最大的特点就是会融入你的生活。它的终极目标就是"还原生活"。更妙的是,它是最佳的无器械徒手健身运动。

对于现代人类,"直立动物"的这个定义正被严重挑战。电脑、电视和汽车的出现和普及,使我们成了久坐一族;手机的出现和普及,更让我们成了低头一族。人类的脊柱正在遭受前所未有的挑战。

无论是学龄孩童,还是正为事业打拼的壮年白领、金领,我们"坐"的时间越来越多,"动"的时间越来越少。

我们花大量的时间坐着,身体向前弯曲着读书、写字或面对电脑;我们废掉了自己的臀部肌肉、腹部肌肉,让前胸的肌肉短缩,使肩颈部和背部的肌肉紧张;我们努力"训练"自己的身体,使其呈现脖子前探、弓背,甚至侧弯的姿态,呼吸也由此变得更加短浅……

2008年3月,中国左右普拉提培训教育机构创立。在过去的8年多时间里,接受过机构培训的人已经不计其数。他们中有瑜伽老师、普拉提教练、健身私教、疼痛科医生、针灸推拿手法治疗师、运动体能教练、高尔夫网球教练、大学体育老师,还有爱好者和医生推荐过来参加学习的腰痛病人。

在我们及业内同行的不懈努力和积极推动之下,这股学习风愈刮愈猛。除了内地的学员,还有从我国的香港、台湾,以及马来西亚、澳洲和加拿大慕名而来的学员,既有夫妻一起过来学习的,也有姐妹一起过来学习的,还有为了指导自己脊柱侧弯的小孩进行普拉提训练而专程过来学习的母亲。是的,已经有越来越多的人受益于这项运动。

在西方的健身体系里,普拉提被画归到身心运动范畴,即属于Mind-Body(意识—身体)类的身心锻炼项目。普拉提是一项精细的运动,强调大脑和身体的结合。其每一个动作都是在神经、肌肉的控制下完成的。这也是起初练习普拉提时需要做得"慢"的原因。实际上，这项运动的外在表现并不重要，重要的是控制。

约瑟夫·普拉提说过：一切的训练都是为了更好地适应日常的工作和生活。

本书更强调普拉提的应用，针对日常在家自我练习的爱好者，也针对现代社会中蔓延开来的越来越多的慢性下背痛、腰椎间盘突出等特殊人群。在这个版本中，我们花了很多篇幅展示如何进行有效的普拉提功能性训练，并且配有示范性视频，便于您直观地理解训练动作。

本书源于多年来普拉提训练及教学一线的实践经验和研究成果，并参考了国内外各种相关资料。2011年本书在北京体育大学出版社初版发行，数年后的2017年改版再次发行。无论对普拉提初学者，还是对普拉提教练，本书都具有指导意义。

希望本书对全民科学健身以及普拉提在中国的传播和推广起到积极的推动作用。

感谢大家，也感谢每一位热爱、关心普拉提发展的朋友们！

吴振巍
2017年2月15日

● 如何使用本书

本书将重点放在了普拉提的实践应用上（在本书的姐妹篇《普拉提》里面，分别详述了普拉提的训练原则，以及入门、初级、中级、高级的动作）。另外，在练习指导方面，本书完善了普拉提练习中的伸展和放松的部分，并且针对不同人群的身体状况，提供了不同的训练方案。

身体姿态排列和评估

在开始训练之前，对自己的身体，尤其是对骨关节肌肉功能进行多方面的了解是非常有必要的。另外，规律训练 12 周之后重新进行评估也会增加你对训练的信心。

生活中的普拉提

普拉提帮你检查和调整你的坐姿、站姿，以及操作电脑，或驾驶汽车的姿势。普拉提练习的最终目的是"还原生活"，而生活中的所有日常的动作本身也是练习的一部分。融入生活并为生活服务，才是练习普拉提的最终目的。

如何在家中练习

家中练习该做什么准备？每次该练习多久？每周练习几次有效？如果你准备在家中进行自我练习，那么你要仔细学习本章节内容。你可以为自己设计一项训练计划，也可以根据我们给的家中训练计划样本做练习。

普拉提伸展和放松

紧张的肌肉不但限制你的关节活动，而且容易造成伤痛。本章罗列了身体各个部位的伸展和放松技巧。对于这些动作，既可以单独练习，也可以放在普拉提练习之前或之后练习，还可以穿插在普拉提练习之中进行。某些动作难度会有变化，请根据身体反馈进行选择。

▎特殊人群的普拉提训练

普拉提适用人群很广。本章专门挑选了10种常见人群，针对慢性下背痛、腰椎间盘突出、产后恢复、腹部松弛等情况给出了针对性训练计划。

改版之后的本书花了很多篇幅，以图示罗列的方式展示如何进行有效的普拉提功能性训练，以便于各位读者直观地理解训练动作。

安全提示

在练习前,请仔细阅读下列内容。

(1)对于从未接触过普拉提的练习者,为了更安全地练习并获得最佳的练习效果,我们强烈建议在练习前完成专业的健康或健身评估,然后在有资质的普拉提教练的指导下练习。如果你没在普拉提教练的指导下练习本书中的动作,那么本书将不会为你因此而受到的伤害负责。

(2)任何运动都有受伤的可能性。书中的动作以及推荐的练习步骤并非适合每一个人练习。练习不当可能导致受伤,故要结合身体感觉,根据自己的身体条件和健康状况安排自己的练习。

(3)对于患有高血压、心脏病、糖尿病、椎间盘突出、椎管狭窄以及骨质疏松等慢性病的练习者,请在练习前征求医生的意见。

(4)在学习每一个陌生的动作时,都应该尽量先仔细阅读并理解解说的文字,并且照着文字指南练习。千万不要只是匆匆看了图片,就按着自己的理解"照样画葫芦"。

(5)任何时候都不要完全屏住呼吸,要注意放松面部和肩膀,而几乎所有普拉提动作都要求练习时必须收紧深层腹部。由于和你日常习惯可能不同(很多人是肩膀、面部平时较紧张,而腰腹部比较松弛),在起初练习时,可能会感觉不习惯。这需要一个适应过程,切勿急于求成。

(6)练习时注意循序渐进,量力而行。切勿在还未掌握动作的要点时,就进行猛力扭转,突然爆发性地用力等。当感觉疼痛或不适时,应立即停下动作,休息,有必要时及时去正规医院看医生。

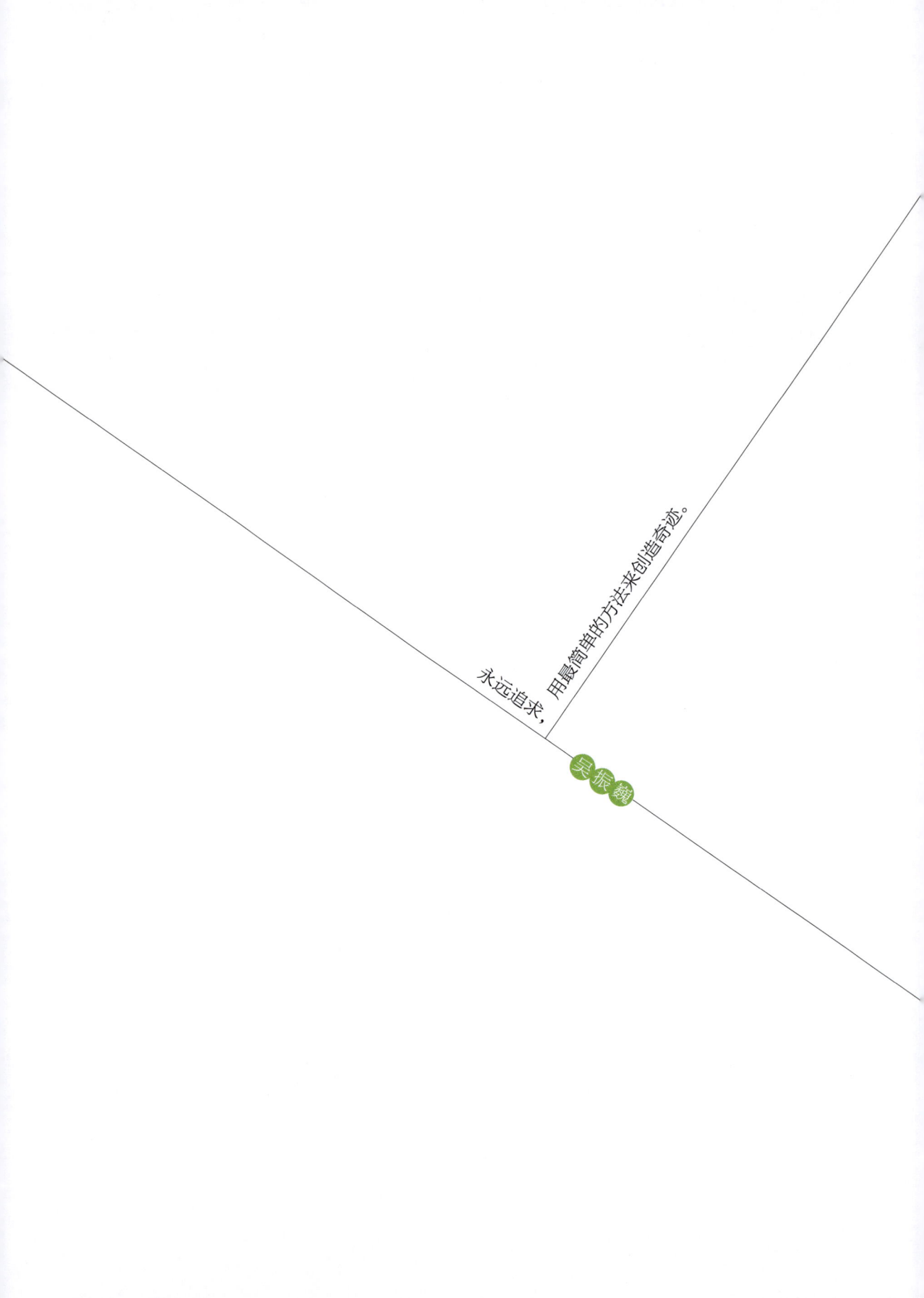

永远追求，用最简单的方法来创造奇迹。

吴振翱

目录

第一章 普拉提，优美的生活方式

01 健康，从改变姿态开始 …… 016
姿态与我们的关系 …… 016
身体排列和姿态评估 …… 017
身体机能评估 …… 018
常见的错误姿态和排列异常 …… 020
坐姿 …… 022
电脑操作 …… 022
站立 …… 023
驾驶 …… 023
行走和跑步 …… 024
举臂 …… 024
搬重物 …… 025

02 身体单侧运动的平衡调整 …… 026

03 简单而重要的基础性练习 …… 027
背壁站立：姿势模式重建 …… 027
站立平衡：训练下肢平衡 …… 027
足脚尖行走：修饰腿部线条 …… 028
收缩骨盆底肌：增强性功能 …… 028
收缩腹部：收紧身体轴心 …… 029
肩颈伸展和放松：舒缓肩颈 …… 029
颈肌强化：缓解颈椎痛 …… 031
向下卷动：拥有健康脊柱 …… 031
平板支撑：锻炼核心力量 …… 032
上推撑起1：紧致上臂 …… 032
上推撑起2：优化手臂曲线 …… 033
上推撑起3：告别"拜拜袖" …… 033

第二章　在家练习普拉提

- 01 练习前的准备工作 ········· 037
- 02 练习频率 ········· 039
- 03 选择什么时候练习 ········· 040
- 04 每次练习的时间长短 ········· 041
- 05 与同伴一起练习 ········· 042
- 06 在家练习的安全注意事项 ········· 043
- 07 如何设计自己的普拉提家中练习课程 ······· 044
- 08 普拉提家中训练计划样本 ········· 047
  - 计划样本一：高效的短时间练习 ········· 047
  - 计划样本二：时间充裕的全方位练习 ······ 050

第三章　普拉提的伸展和放松

- 01 有关伸展的基本理论 ········· 056
- 02 强针对性的伸展练习 ········· 058
  - 向下卷动：脊柱的逐节运动 ········· 058
  - 侧伸展：修塑侧身线条 ········· 059
  - 美人鱼侧伸展：锻炼背部肌群 ········· 060
  - 穿针引线：灵活脊柱 ········· 061
  - 髋屈肌伸展：平衡体态 ········· 061
  - 腹肌伸展1：优化腹部曲线 ········· 062
  - 腹肌伸展2：收紧小腹 ········· 062
  - 脊柱前伸：舒展背部 ········· 062
  - 脊柱旋转伸展：纠正肋骨外凸 ········· 063
  - 猫背伸展：灵活脊柱 ········· 064
  - 提腰伸展：灵活腰部 ········· 065
  - 股四头肌伸展：优化大腿曲线 ········· 065
  - 臀肌伸展1：强效提臀 ········· 066
  - 臀肌伸展2：优化臀部曲线 ········· 066
  - 腘绳肌伸展1：预防下腰痛 ········· 067
  - 腘绳肌伸展2：缓解下腰痛 ········· 067
  - 向上伸展：舒展全身 ········· 068
  - 小腿伸展：优化小腿曲线 ········· 068
- 03 舒适的放松练习 ········· 069
  - 颈部放松：放松肩颈 ········· 069
  - 垂立松颈：放松颈部肌肉 ········· 070
  - 垂立松肩：放松肩关节 ········· 070

望远镜：提高上肢协调性 ········· 071
大风车：提高肩胛活动性 ········· 072
雪地天使：改善圆肩 ············· 073
背部放松：伸展背部 ············· 073
仰卧抱膝：改善腰痛 ············· 074
左右摆尾：腰部放松 ············· 074
尾巴画圈：灵活腰骶部 ··········· 074
骨盆摆钟：平衡骨盆 ············· 075
单膝伸拉：放松下背部 ··········· 076
膝盖搅动：有效润滑髋关节 ······· 076
膝盖开合：迅速放松髋关节 ······· 077
屈身挥臂：放松肩臂 ············· 078
休息放松式：舒适的全身放松 ····· 079

第四章 特殊人群的普拉提训练方案

01 腰痛 ························· 082
02 腰椎间盘突出症 ··············· 096
03 脊柱侧弯 ····················· 110
04 产后恢复 ····················· 127
05 颈椎病 ······················· 149
06 肥胖 ························· 165
07 臀部下垂 ····················· 189
08 腹部松弛 ····················· 211
09 性功能低下 ··················· 228
10 脊柱后凸（驼背）············· 246

常见问题与解答 ················· 263

第一章
普拉提，优美的生活方式

我们花大量的时间使身体向前弯曲坐着读书、写字，面对手机或电脑，不知不觉中努力"训练"自己的身体呈现脖子前探、弓背，甚至侧弯的姿态。

普拉提不仅仅是一种身体练习，也可以融入生活，让你变得自信而优雅。改变心态原来可以从改变姿态开始。

01 健康，从改变姿态开始

◆ 姿态与我们的关系

姿态可以传达很多信息。设想一个圆肩、塌背、弓腰的人给你留下的是怎样的印象吧。一个自信、具有优雅气质、充满魅力的人，无论是男是女，即使他（她）的个子不那么高，也会给人留下一个姿态挺拔的身影。

我们中的大多数人可能没有注意到自己日常的姿态，只有在感到腰背部、颈部疼痛不适时，才会考虑自己的姿态问题。事实上，普拉提给你带来的最大变化就是它会融入你的生活，改变你在日常生活中的姿态和所谓的身体运动模式。这也是普拉提能够在现代社会产生如此大的影响力的主要原因。

如果在练习普拉提之外的其他时间里，我们还是任由错误的姿势影响我们，那么所有的普拉提练习和其他改善我们体形的锻炼都会失去意义，并且可能会造成失衡的加剧。当我们改变姿态的时候，在身体脊柱以及骨盆周围呈交叉对称分布的肌肉的收缩压力也得到重新调整的情况下，这些改变将预防我们可能患下腰痛、颈椎病、脊柱侧弯等疾病以及由这类疾病引起的各类身体健康问题。如果你已经有这类疾病的发展倾向，那么这些肌肉压力的重新分布将有效缓解所有这类问题的症状。

我们是否还经常听到有人说转身去拿一杯咖啡时闪到了脖子，或者挪动家里的一个花盆时不小心扭坏了腰等意外的事件？良好的姿态不仅仅表现在一个静态的动作，它还涵盖日常生活中的举手投足——如何坐、如何走、如何转身、如何挪动一个重物等我们日常生活中的每一个动作。普拉提有助于增强和舒展被用来维持优美身姿的那些肌肉。如果不重新看待日常生活中的姿态，即使我们花再多的时间进行锻炼，也将一无所获。为了从普拉提锻炼中获得最大的收益，我们必须时刻保持身体最安全有效的运作，时时提醒自己处在一个"普拉提状态"里。

大量研究表明，人们认同身姿优美的人更具有魅力，且任何人都会潜意识地被身姿挺拔、气度优雅的人吸引。当我们的情绪低落、心情抑郁时，往往是垂头含胸、弓背塌腰的姿态；而当我们的情绪积极、心情明朗的时候，通常是昂首挺胸、肩膀舒展、背部挺直的样子。在遭遇挫折和失败时，我们通常会以垂头丧气形容一个人心情沮丧的样子。

姿态的训练，除了身体上的受益，从心理学的角度来说，你也会得益于姿态的改善。当站直和坐直时，感觉往往更具自信，心态更加开放和阳光。明白了心情和姿态之间的内在联系，就明白了普拉提的练习与我们的生活是如此贴近。它不仅仅是一种身体日常的练习手段。改变心态，原来可以从改变姿态开始。

◆ 身体排列和姿态评估

人体的姿态取决于关节和骨骼的排列，以及肌肉的平衡状态和功能状况。每个普拉提动作本身就是很多姿态的集合，而姿态毫无疑问也必然会影响锻炼动作。姿态评估是一门了解身体和重力作用之间完美关系的学科，目的是创造良好的体态和有效的运动形式。要评估体态，我们首先就要分辨一些骨性标志以及在站立时它们是怎样排列的。我们通常使用一条真实的或假想的重力垂直线判断我们身体的排列和姿态状况。当身体的各骨性标志排列正确的时候，身体就可以用最少的力量保持姿势或呈现出更有效率的动作姿态。在普拉提训练体系的应用领域里评估的方法有很多。以下是比较常用的评估手段。

★ 站立时的最佳排列

侧面观

这些点应该在一条垂直线上

- 耳垂尖
- 肩膀顶端
- 髂嵴最高点
- 膝盖侧面中点
- 外踝尖略前一点

后面观

垂直——从后面观察时这些点应该在一条垂直线上

身体排列

- 颅骨中点
- 脊柱和垂直线重合
- 骶骨和尾骨中点

腿部排列

- 臀线中点
- 膝盖后侧中点
- 跟腱中点

水平——从后面观察时，这些点应该是水平的或者两边是对称的

- 耳朵水平
- 肩膀水平
- 肩胛骨水平而且对称
- 髂嵴的最高点水平
- 膝盖水平

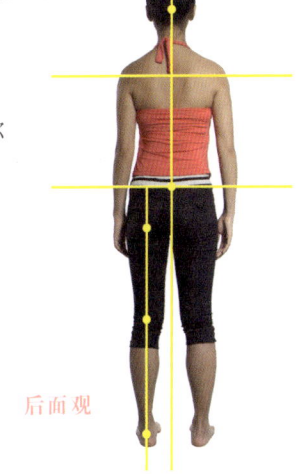

◆ 身体机能评估

★ 向下卷动

目的 评估身体脊柱排列和脊柱两侧肌肉的张力状况。

动作 被测者直立，慢慢卷曲脊柱向下，然后再稍稍收腹，脊柱逐节慢慢卷回至原位。

向下卷动（The Roll Down）

评估 可让同伴从后侧来观察，判断脊柱两侧肌肉在屈曲和伸展的时候其动态收缩是否存在不平衡的状况。

理想的表现 能够实现脊柱逐节自然屈曲动作，脊柱两侧的肌肉出现对等的收缩，且从后侧观察时高低始终保持一致。

★ 平板支撑

目的 评估核心的相对力量（以承载自身体重的方式衡量负荷）和稳定性。

动作 用肘关节支撑身体，保持大臂垂直于地面，头部、身体和双腿处于同一平面。

平板支撑（Plank）

评估 保持起始中立体位不变，计算能够维持的时间。

理想的表现 身体始终能够维持起始的中立位置，没有塌腰或撅臀。目标是以这种体态坚持1分钟。如果你无法支撑30秒的话，那么说明你的核心已经到了急需强化的时候了。

★ 半蹲

目的 评估身体屈髋屈膝动态运动模式，了解脊柱前后两侧肌肉张力的平衡状况，以及观察双腿的动态排列。

动作 站立姿势，双臂伸直，与肩膀齐高，慢慢垂直下蹲。

半蹲（Half Squat）

评估 首先，让同伴从侧面观察（或自己从镜子中检查）是否存在弓背、圆肩、撅臀，上身前倾，或耸肩探头等情况；其次，从正面观察自己的下肢排列，当保持膝盖弯曲时看是否能够对准脚尖的前进方向。

理想的表现 下蹲时，身体重心稳定，上身躯干基本保持正直。下肢屈髋屈膝，膝盖和脚尖保持一个方向运动。

★ **肩胛控制**

目的 测试肩带的稳定性。

动作 身体成四足支撑位，骨盆和脊柱自然中立位。

❶ 交替抬起一侧手臂向前伸。

❷ 身体保持原位不动，交替往后伸直腿部，到双臂伸直的平板支撑位。

❸ 双臂尽可能靠近身体，慢慢放低身体。

评估 测试在变换支撑平面时，肩胛是被控制在中立的位置不动，还是立即呈现出往外凸出或后缩的状态。须注意两侧是否存在不平衡的状况。

以上3步难度依次增加。如果前一步已经出现肩胛外凸、后缩，或身体无法保持稳定，就无须做后面的动作测试了。

理想的表现 身体能够维持在中立位置，没有身体下塌、倾斜和肩胛外凸、后缩的情况。

肩胛控制（Scapular Control）

★ **直腿下放**

目的 评估腰盆的稳定性和控制能力。

动作 仰卧，双腿并拢先向上伸直，若大腿后侧腘绳肌紧张，则可稍稍屈膝。慢慢往地板的方向放低两腿，直至感觉下背部即将离开原来的位置时停下来。若感到腰部不适或腰痛，则略过此项目。

评估 检查双腿放低的角度。要求骨盆和脊柱在维持中立位的前提下放低。注意观察向下放低腿部时是否有骨盆前倾、肋骨外凸、上拱的现象。

直腿下放（Legs Dropping）

理想的表现 腿部有控制地放低至少45°，能够动用腰腹核心控制腰盆的稳定，维持骨盆和脊柱中立位不变，后肋保持贴地。

★ 直腿坐

目的 测试腘绳肌的柔软度及脊骨的稳定性。

动作 坐下，分开双腿，至与肩同宽，向前伸直，脊骨保持自然直立。

直腿坐（Long Sit）

评估 检查腰椎能否维持自然曲度，是否存在骨盆后倾、上身屈伸向前的现象；膝盖是能够伸直，还是只能屈膝外旋。

理想的表现 脊柱能够保持自然曲度，膝盖伸直。

★ 提踵

目的 测试小腿的力量及平衡控制力。

提踵（Heel Raise）

动作 站立姿势。

① 双脚提踵，脚跟慢慢离地，在最高点站稳后再慢慢下落，重复10次。

② 单脚站立提踵，抬起脚跟，重复5次。以上两步难度依次增加。如果第一步已经出现无法正确完成，就无须做后面的动作测试了。

评估 检查脚踝的跖屈是否充分，是否能以正确的足踝角度（无内翻或外翻倾向）提踵抬高身体至相对高点，能否独立完成规定动作而不需要协助，能否完成规定次数。

理想的表现 身体能够保持平稳，不过度地摇晃，提踵高度充分，有控制地完成规定次数。

◆ 常见的错误姿态和排列异常

我们的中枢神经系统控制着机体的所有运动。对于每一种运动，包括静态的姿势，往往都是通过训练使得中枢从泛化（Cognitive Phase）、分化（Associative Phase）到最终建立一个独立的精细控制的自动化（Autonomous Phase）肌肉收缩运动模式，以运动模块的方式而不是孤立的肌肉收缩方式进行记忆存储。在需要时就可以动用这些模块自动进行运动，而我们可以把意识分离出来，专注于其他任务。

错误的姿态是由骨骼构造、关节活动性、肌肉张力不对称等综合因素造成的。其中，结构性的问题，即由骨骼和关节构造造成的情况是最难改变的，而由不良习惯导致的肌肉失衡情况是相对容易改变的。在实际生活中，两者相互影响、同时存在的现象是很常见的。

1 头部前突（Forward Head）　2 圆肩（Rounded Shoulder）　3 脊柱后凸（驼背）（Kyphosis）　4 脊柱侧弯（Scoliosis）

5 骨盆前倾（Pelvic Anterior Tilt）　6 骨盆后倾（Pelvic Posterior Tilt）　7 肘超伸和膝超伸（Hyperextension）　8 膝外翻（Bow Legs）　9 膝内翻（Knockknees）

和正确的姿态和运动模式一样，错误的姿态和运动模式也是长期固化最终形成的结果。要纠正上述这些问题，我们往往要经过以下4个阶段。

（1）无意识的错误（Unconsciously Incorrect）。
（2）有意识的错误（Consciously Incorrect）。
（3）有意识的正确（Consciously Correct）。
（4）无意识的正确（Unconsciously Correct）。

◆ 坐姿

双脚平放地面，保持脊柱自然伸展，双肩放松，自然下沉，胸廓稍稍打开，头部不要歪斜，保持腹部微微向内收缩。

除去睡觉之外，坐姿或许是现代人在一天中保持最多时间的姿势了。多数人保持的姿态常常会是肩膀耸起，腹部放松，头部前倾下沉，含胸弓背的样子。实际上，要保持这个姿势并不是一件很容易的事，但往往因为专注于别的事情，自然便忘却了这个姿势带来的不舒服的感受。可能你还不知道，当我们坐着的时候，身体脊柱承受的压力要远远大于站着的时候。如果在一天中必须长时间坐着学习、工作或者娱乐，长此以往，你的身体就会习惯这种肌肉收缩模式，且每一次坐下都会加剧身体脊柱的失衡状况，并且会伴有颈部肌肉紧张、脊柱疼痛等各类症状。要想重新恢复到正常肌肉收缩的模式，你的躯干就必须有足够力量。只有这样，才能支撑躯干前侧胸腹部和后侧背部肌肉的静态收缩平衡。

普拉提能够舒展紧张的肩膀和胸廓，收紧腹部和下背部。在保持坐姿的时候，要谨记普拉提练习中脊柱中轴延长、轴心盒子方正、收腹、沉肩等训练要领。

需要注意的是，不论你的坐姿如何，请至少一个小时站起来一次，离开你的座位，按照本章第三节的内容，进行日常的简单而重要的基础性练习，做一些肩颈部简单的伸展运动，并活动一下背部，做一下身体两侧的伸展，喝几口水（在紧张的工作和学习中这往往容易被忽略掉）。在几分钟短暂的休息后，你立刻会感到身体各个部位的放松。之后你再更有效率地投入到工作或学习中。鉴于大多数人容易沉浸在专注于工作或学习的氛围中，而忘记时间，我建议你使用定时钟或利用你的手机里的定时闹铃功能，每隔 40 ~ 60 分钟定时提醒你休息一次。

◆ 电脑操作

如果需要长时间操作电脑，则最好让身体和头部正对着电脑，不要将电脑放在你身边的一侧，以免引起单侧肌肉甚至骨骼结构性的不平衡发展。

正确的做法 身体正对着电脑，调整显示屏，使其稍稍后倾，和眼睛视线约成20°。将双脚平放于地面，身体重心在坐骨中间，不要朝向桌子方向弯曲你的身体，保持脊柱自然伸展，中轴向上，双肩放松，自然下沉，胸廓稍稍打开，头部不要歪斜，保持腹部微微向内收缩。

◆ 站立

站立时，身体重心应在两脚之间，不要向一侧倾斜。两腿伸直，但不要锁住膝盖关节。身体保持向上伸展，头部不要歪斜或扭转，脊柱保持中立位，双肩放松，自然下垂。有啤酒肚或腹部松弛的人士，以及常穿高跟鞋的女士或者孕妇为了保持身体重心，往往容易出现骨盆前倾的现象。这些人应该注意将腹部往内收缩。为了避免塌腰，可以将尾骨稍稍后卷，让骨盆保持在中立的位置。

在超市排队、餐厅等座或车站等候巴士或地铁时，要时不时地检查自己的站姿，经常提醒自己将头顶心向上拉长，保持骨盆中立。这样，在几个月后，你会非常惊讶自己的改变。

◆ 驾驶

很多人在驾驶机动车时经常含胸、塌腰，腹部完全放松，头部下沉，稍有前探，两侧肩膀微微前引并耸起……长期保持这种错误的驾驶姿势，不但会引起身形的走样，而且可能造成各种颈椎或腰椎的问题。

正确的姿势是：臀部完全坐到座位底部，让骶骨和后背贴住靠背，保持骨盆和脊柱的中立位，收腹，将肚脐拉向脊柱，下颚微微内收，头部避免前引，想象头顶心有一根绳子将你拉高。肩膀下沉并放松，同时要感觉稍稍往后收，胸廓自然打开。

◆ 行走和跑步

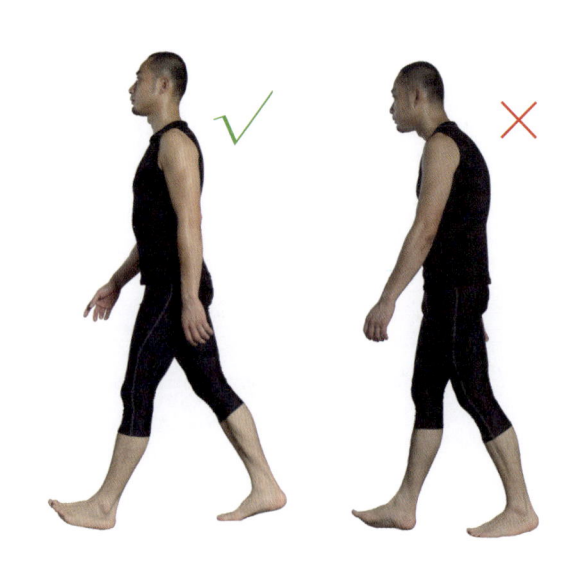

快走和慢跑是当今最受欢迎的有氧运动之一。毫无疑问,无论你快走或跑步的姿态如何,它们对你的心肺功能都会起到强化的作用。但是,因为每一次快走或慢跑的持续时间一般都比较长,除了双手摆动,身体躯干通常维持一个不变的姿势,而如果你的姿势不正确,则它们同样会加剧你身体肌肉的失衡状态,破坏你的脊柱健康。此外,良好的姿态也有利于你更加顺畅地呼吸。

右图所示的这个正确姿势同样适用于日常性的行走和慢跑:背部保持挺直,打开胸廓,头顶向上虚顶,下颚保持微微内收,收腹,保持沉肩,肩膀放松,肩胛微微向中心收拢。在跑动时,必须仍然保持骨盆和脊柱的中立位,整个身体保持动态的稳定,骨盆和躯干不要左右摇晃,还要避免身体过度前倾。肘关节弯曲,双臂自然地摆动。双腿膝盖放松,脚尖指向前方,膝盖弯曲的方向和你的脚尖方向保持一致。最后,还必须注意呼吸和动作的协调配合。

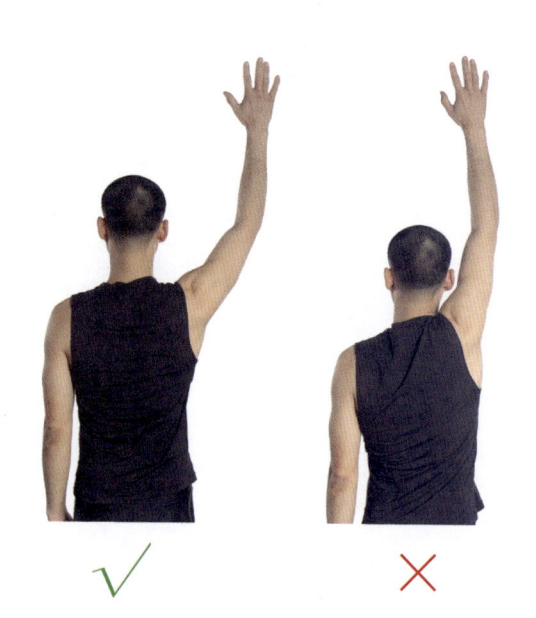

◆ 举臂

可能你现在坐在椅子上,举起手臂越过头部,想象你要去拿放在书柜上方的一本字典,检查一下你的肩膀和颈部的位置是否偏离,肩膀是否正在挤压颈部,感觉一下肩颈部是紧张的还是放松的。如果可以,则最好在镜子前观察自己的动作。这将有助于你改正不正确的姿势。

◆ 搬重物

大多数人在日常生活中会有搬运重物的经验。它既可能是家中的一盆花，或是旅行出差时的一个行李箱，也可能是家里的一张桌子等。事实上，如果姿势不当，则即使搬一个看起来比较轻的物体，也会造成身体意外受伤。因此，常常会听到身边有人说自己因为搬运物体，身体肌肉受到扭伤或拉伤，严重者甚至还会伤及脊柱。

那么，如何在确保自己安全的状况下正确地搬运重物呢？正确的做法是，稳定躯干核心，尽量靠近重物，避免脊柱屈曲，从远端用背部的力量提起重物。从地面抬起物体时可以弯曲膝盖，尽可能降低身体重心，然后收紧身体核心肌肉，将肚脐拉向脊柱，而背部挺直，脊柱尽量保持在中立位。在保持身体靠近重物的情况下，依靠腿部的力量将其提起。

02 身体单侧运动的平衡调整

因肌肉失衡造成的身体健康问题，在现代社会正变得越来越普遍。这些问题包括各类颈椎病、下腰痛、脊柱侧弯等，而这些问题还可以引起更多的连锁疾病反应，危害我们的身体健康。

普拉提训练的一个重要目标就是重新平衡身体各部位的肌肉张力。

请身边的密友或家人检查一下，在你最自然的站立状态下，你的肩膀是否有高有低，头部位置是否有歪斜，骨盆是否倾斜等。

另外，在普拉提练习中，你可能也会觉察到臀部和脊柱两侧肌肉的力量不完全一致。

如果你的失衡问题非常明显，则要注意了，考虑一下你的生活中是否有任何需要单侧肌肉收缩的动作。这也包括非常容易被忽略的静力性肌肉收缩运动。

日常生活中常见的单侧肌肉收缩运动有背单肩包，手提（拎）包，将电脑显示器或电视机放在座位的一侧，以及打羽毛球、网球、高尔夫球等各类单侧发力形式的运动。

即使是对于那些失衡症状表现还不那么严重的人，预防性的平衡措施还是非常重要的。

这些措施包括：交换单肩包或手拎包的位置，比如从左肩换到右肩；重新考虑电视机或电脑显示器的摆放位置；训练或加强非发力一侧的肌肉力量，促进协调性发展等。

03 简单而重要的基础性练习

基础性练习无须任何工具辅助可以非常方便地在家中或办公室里进行。这些简单而快速的练习能够帮助你更好地改善身体姿态，重塑优美的体型，提升身体的力量，以及运动协调和控制能力，最有效地巩固和提升普拉提练习的效果。

◆ 背壁站立：姿势模式重建

背部靠墙站立，身体贴住墙面，两肩高低一致且保持水平。双腿向前迈出一步，膝盖微微弯曲，双脚保持平行对称，膝盖对准脚尖的方向。注意膝盖不要超过脚尖。身体从上而下，即后脑、上背部和骶骨触及墙面，颈部后侧肌肉沿墙壁向上拉长，肩膀放松下沉，提臀收腹。可以视情况停留稍长时间。

另一种挑战腿部的做法是将膝盖弯曲到更低的位置，以此强化腿部前侧股四头肌的支撑力量。

背壁站立（Standing）

◆ 站立平衡：训练下肢平衡

对于不少人来说，这个练习会挑战到下肢的平衡能力。当从站立位抬离脚跟上下运动时，注意保持身体重心落在双脚之上。

站立平衡（Standing Balance）

❶ 双腿分开与髋同宽，保持脊柱中立，头顶向上延伸，腹部内收，双手放在髋的两侧。

❷ 抬起脚跟，完全用前脚掌或脚尖支撑身体，保持3~5秒，然后轻轻下放。

❸ 重心向后稍稍移动，直至落在脚跟处，然后让脚前掌离开地面。

重复：4~6次。

注意事项

❶ 如果一开始难以控制，则可以先只完成步骤❷的抬脚跟平衡练习。

❷ 如果你能够非常轻松地完成这个练习，则可以以单足挑战这个平衡练习。但是，要注意控制重心，盆骨保持水平，避免歪斜。骨盆必须仍旧保持在中立的位置。

单足站立平衡
（Single Foot Standing Balance）

◆ 足脚尖行走：修饰腿部线条

这个练习和前面的"站立平衡"一样，都具有激活双脚、脚踝和小腿，修饰腿部线条的功效。对于习惯于穿着高跟鞋的女士来说，可以让僵硬的双脚和脚踝恢复灵活性。

采取站姿，双腿分开与髋同宽，保持脊柱中立，头顶向上延伸，腹部内收，将双手放在髋的两侧。交替抬起两脚脚跟，同时自然地弯曲膝盖，就像原地走路一样。保持动作流畅并富有节奏。

足脚尖行走
（Walk Through the Feet）

◆ 收缩骨盆底肌：增强性功能

骨盆底肌是一个肌群，由分布于骨盆底部的多块肌肉组成。除了作为动力平台支撑核心以外，它也辅助盆腔内各器官的功能，并控制精细肌肉的各种动作，例如作为排泄的阀门，控制女性的性高潮，以及男性的勃起功能等。

收缩骨盆底肌（Pelvic Floor Control）

类似的练习也被称为"凯格尔式"练习（Kegels），在西方医学里最早被用于治疗成年女性的尿失禁。在中国传统养生术里也有类似的练习——"撮谷道"（或称"提肛"），其历史要久远得多，是一种独到的防病健身之术。这个练习简便易行，不受时间、地点、环境的限制，体位选择站，或坐，或蹲，或躺，随时随地都可以进行。

方法是收紧骨盆底肌，将会阴部往上提起，可以想象一下小便进行到一半时憋住，或者是提升肛门的感觉。开始可以快速做10次，然后变换方法，在每一次上提后，都不要放松，停留6秒，再慢慢放松，重复做6次。练习时注意保持自然呼吸。

◆ 收缩腹部：收紧身体轴心

和上面的收缩骨盆底肌练习一样，这也是一个没人能够觉察到的可以悄悄进行的训练。

不管你身在何处，家中看电视、驾驶途中、办公室开会……身体都要保持挺拔的姿态。吸气时，将胸廓往外撑开；呼气时，收缩腹部，将肚脐向内收缩。这个简单的练习不仅可以强化腹部，还能让你的身体快速适应并熟悉普拉提练习中常用的轴心收紧动作。这个练习既可以单独进行，也可以和下面的练习同时进行。

收缩腹部（Abdominal Control）

◆ 肩颈伸展和放松：舒缓肩颈

如果你需要长时间坐着工作、学习，或是操作电脑，以娱乐身心，就会非常容易引起肩颈部的肌肉紧张。这个时候，以下这个练习可以帮助你舒展和活动颈部周围的肌肉，缓解紧张感。注意在练习时要保持背部挺直，收腹，脊柱处于自然中立位，伸展时尽量保持深长的呼吸。

（1）面向前方，将右手放于背后并伸向左侧，头部缓缓向左侧倾斜，在感到稍有紧张感的地方停住，然后将右侧的肩膀稍稍下沉，直到感到颈部一侧完全伸展。在停留10~20秒后，交换另一侧。

（2）肩膀放松，将头慢慢转向一侧，停留在最远的位置。保持10~20秒后，交换另一侧。

（3）头微微往下，让下巴内扣，靠近锁骨，直至感到颈后侧有拉伸的感觉（可以想象要迭出一个双下巴来），保持10~20秒。如果感觉不明显，则可以让手指末端弯曲在头后侧稍稍施压，注意切勿猛然用力。**患颈椎病者谨慎练习或避免练习此动作。**

（4）坐直，沉肩，头部慢慢后仰，想象有一根绳子拉住下巴向上抬高，直至感到颈部前侧有伸展的感觉（注意颈部前侧的伸展，不要挤压颈椎后侧）。如果颈部感到不适的话，则可以将双手紧贴放在颈部后侧，并向前稍稍施压，以保持颈椎后侧的固定，双手让颈部后侧留有一定的空间，避免颈椎直接向后弯曲。做此动作时保持10~20秒。

肩颈伸展和放松
（Neck and Shoulder Stretch and Release）

并体会肩膀放松的感觉。可以重复数次。

（6）绕肩动作，可以与以上的提肩和耸肩动作交替进行。配合呼吸，由后绕向前。吸气时，由后绕到肩膀耸起的最高点；呼气时，继续向前绕回到肩膀沉下的最低点。重复4~6次后，反方向绕行。吸气时，由前绕到肩膀耸起的最高点；呼气时，继续向后绕回到肩膀沉下的最低点。重复4~6次，在最后一次，要尽量试着拉长肩膀和耳朵的距离。

患颈椎病者谨慎练习或避免练习此动作。

（5）采取站姿或坐姿。吸气，同时耸起肩膀，尽量让肩膀靠近耳朵。在呼气时，慢慢下沉肩膀，尽力让肩膀远离耳朵，

◆ 颈肌强化：缓解颈椎痛

颈肌的锻炼能够促进颈椎周围的血液循环，平衡颈椎周围肌肉的张力，增强局部供氧状况，能有效缓解和预防颈椎病。

❶ 采取站姿或坐姿，挺直背部，头颈部保持中立位，将双手放在前额处，收拢下巴，好像要迭出一个"双下巴"来，同时双手施加同样的力量做对抗，保持 15~30 秒。

❷ 双手十指交叉抱在颈后，向前施力，同时头部向后用力相互抵抗。先保持静态抵抗不动，然后在保持抵抗的前提下，头做缓慢的前屈和后伸运动。将此动作重复 6~10 次。

❸ 用右手掌托住头右侧。头向右做侧倾，手掌同时施加相同的力量做抵抗，保持 15~30 秒。然后交换另一侧。

颈肌强化（Neck Strengthen）

◆ 向下卷动：拥有健康脊柱

练习这个动作可以伸展脊柱，迅速缓解颈、肩、背部区域的肌肉紧张。练习时要求调动核心，控制"脊柱的逐节运动"，逐步拉伸每一个脊柱关节。向上运动时，反方向逐步还原。如果你想要拥有灵活健康的脊柱，就把此动作作为你的日常伸展练习吧。你可以在清晨醒来或是伏案工作的间歇时间练习。

❶ 坐在椅子上或盘腿坐好，挺直背部，两肩放松下沉，双手自然放松，垂于两腿上。

向下卷动（Roll Down）

❷ 吸气，头向上顶，感觉脊柱更加拉长一些；呼气，身体开始启动下卷动作。首先低下头，让下巴靠近身体，然后继续逐节脊柱下卷，头部和双臂完全放松。

❸ 吸气，身体开始向上运动，收腹，启动核心力量，逐节脊柱被拉动还原到起始位置。

重复次数：5 ~ 8 次。

◆ 平板支撑：锻炼核心力量

"平板支撑"既是一个评估你的核心力量的测试动作，也是一个很好的练习动作。

平板支撑（Plank）

用肘关节支撑身体，保持大臂垂直于地面，头部、身体和双腿处于同一平面。保持尽可能长的时间。对于初学者或核心力量较弱者，可以把膝盖落在地面上，以降低难度。

我们的目标是保持1分钟。如果你无法支撑30秒的话，那么说明你的核心已经到了急需强化的时候了。

◆ 上推撑起1：紧致上臂

对于手臂后侧松弛的人来讲，这是一个非常有用的练习。这是针对上半身的辅助练习，能够改善胸部、肩膀和手臂的力量，并有助于练习者在上肢用力时学习如何募集正确的肌肉，以保持肩胛的正确位置。尽管看起来它是一个只牵涉上肢的运动，但是如果按照正确的姿势做此项练习，你的腹部肌肉就会得到强化。

❶ 面向墙壁，双脚站在离墙略远于一个手臂距离的位置，双手打开与肩同宽，放在墙面上，双手与胸基本同高，手指尖向上。保持脊柱中立位，背部挺直，腹部收紧。

上推撑起1（Push Up1）

❷ 保持身体头部和躯干姿势不变，双臂肘关节慢慢弯曲，将身体压向墙壁，脚跟可以稍稍离开地面。注意肘关节指向下，大臂靠近身体。肩胛骨尽量保持稳定，肋骨避免外凸，然后从最低点把身体推离墙壁，回到站立起始姿势。整个动作始终保持缓慢而有控制。

在练习中，腹部要始终保持内收，脊柱中立，避免撅臀或塌腰，脖颈保持舒展向上。调整脚站立的位置可以改变阻力的大小和动作的难度。和墙壁之间的距离越大，难度就越大。

◆ 上推撑起 2：优化手臂曲线

① 跪姿俯撑，确保手腕在肩膀的正下方，保持脊柱中立位，腹部收紧。腰部既不要下塌，也不要将臀部抬高，而要确保身体始终呈一条直线。

② 保持身体的头部和躯干姿势不变，慢慢弯曲肘关节，保持肘关节指向后侧，让大臂靠拢身体。注意腰部不要下塌，脖子不要仰起来，肩胛骨尽量保持稳定，肋骨避免外凸，身体始终成一条直线。

③ 伸直手臂将身体推起，回到起始位置。

上推撑起 2（Push Up2）

整个动作始终保持缓慢而有控制。在练习中腹部要始终保持内收，脊柱中立，脖颈保持舒展，向前延伸。调整膝盖的前后位置可以改变阻力的大小和动作的难度。膝盖与手臂之间的距离越小，难度就越低。要注意头部和躯干始终在垂直轨迹上运动。

◆ 上推撑起 3："告别"拜拜袖"

① 以双手和双脚脚趾俯撑身体，确保手腕在肩膀的正下方，保持脊柱中立位，将肚脐拉向脊柱，腹部收紧，腰部既不要下塌，也不要将臀部举高，而要确保身体始终呈一条直线。

② 保持身体的头部和躯干姿势不变，慢慢弯曲肘关节，保持肘关节指向后侧，让大臂靠拢身体，注意腰部不要下塌，肩胛骨尽量保持稳定，身体始终成一条直线。

③ 伸直手臂将身体推起，回到起始位置。

整个动作始终保持缓慢而有控制，肩带保持稳定。在练习中腹部要始终保持内收，脊柱中立，避免以胸廓下沉或抬高臀部代偿动作。脖颈保持舒展，向前延伸。要注意头部和躯干始终在垂直轨迹上运动。

上推撑起 3（Push Up3）

另一种变化的做法是，在将身体放低时将肘关节稍稍向外打开。这个变化练习的目标是更多地强化胸部肌肉。

第二章
在家练习普拉提

普拉提的动作幅度不大,讲究身体的控制;垫上练习不受空间限制,只需要几平方米这么很小的一块地方就可以练习;还可以根据自己的作息选择练习时间。但是,初学者最好在教练指导下练习。

现在，有不少人会选择在家中练习普拉提，原因是：普拉提的动作幅度不大，讲究身体的控制；垫上练习不受空间限制，只需要几平方米这么很小的一块地方就可以练习。

的确，在家中练习普拉提有非常多的好处。我们可以根据自己的作息时间选择一天当中适合自己的任何时段练习普拉提，并且可以节省来回于健身中心与家之间的路途时间。这一点对于工作繁忙的人们来说特别合适。

此外，我们还可以根据自己的身体状况和不同需要决定每一次练习时间的长短以及练习的频率，选择练习那些适合自己的动作。

针对那些在跟老师练习过程中感到有难度的动作，我们可以花更多的时间体会身体的感受、肌肉的控制，以及呼吸的配合等，可以通过在家练习更好地掌握这些动作。

不过，尽管在家中练习会感受到诸多方便，但是对于那些患有慢性病的初学者，比如椎间盘突出、心脏病、糖尿病、骨质疏松症等患者，我们强烈建议他们在练习前询问一下他们的医生，在得到专业的健康或健身的评估后，听从医生的意见，或在有资质的普拉提教练的指导下练习。

对于初学者来说，有时不一定可以感觉到身体位置的正确与否。对于某个姿势，我们自己觉得挺直或对称，但实际上可能并非如此。这种情况可能会导致我们身体意外地受伤。因此，除了跟随本书进行练习，最好还要请教有资质的普拉提教练。有经验的普拉提老师通常能看到你练习每一个步骤是否处于正确的身体位置，从而给你调整的建议。

01 练习前的准备工作

在家练习普拉提时需要找一个相对宽敞的空间，既可以是室内房间，也可以是空气清新、温度适宜的户外露台或花园，场地的要求是在我们起身和躺下时可以伸展四肢。当然这个空间还需要是安静的。我们最好在练习前就关掉手机、电视机等，不要让那些外来干扰影响我们的练习。如果你喜欢在练习时有音乐做伴，那么可以根据你的个人喜好选择缓和的轻音乐，或是有一定节奏的音乐。一般不要选择有具体歌词内容的流行歌曲，以免注意力太过分散，造成对动作的关注度下降。房间的温度最好控制在身体感觉中等偏暖的范围内。如果房间太冷，肌肉则会过于僵硬和紧张，某些动作会做不到位，并且容易造成身体的意外伤害。

我们的练习必须在平稳结实的地面上进行。如果是在坚硬的地板上练习，就需要在上面铺上训练垫，以减缓坚硬的表面对我们脊柱的压力。如果是在地毯上，则可以加铺浴巾或瑜伽垫，以替代训练垫。需要注意的是，千万不能在床上练习普拉提，因为床垫太软，对于身体没有足够的支撑。这对普拉提练习来说是不合适的。

◆ 着装

适当的着装会让你练习普拉提时感到更加轻松，动作更加舒展。较为合适的服饰应该是便于身体自由运动，通常是选择贴身、有弹性的运动衣裤。在家中也可选择宽松舒适的棉制衣服。最好保持赤脚练习，但如果感觉太冷，也可以在开始练习时穿着袜子，直到身体感觉到暖和。另外，我们的身体上不应该有任何首饰挂件。如果可能，则最好在练习前排清大便或小便。

练习前要摘掉的首饰挂件

◆ **练习用具**

在家中练习时，最需要的辅助工具就是一张普拉提垫了。普拉提垫的材质通常为橡塑发泡材料。其长度、宽度和瑜伽垫相似，但是相比瑜伽垫厚得多。通常，其厚度为10毫米以上。不同于硬朗且柔韧的瑜伽垫，普拉提垫要求质地更柔软，有弹性，防震性好，具有一定的贴地性。如果用瑜伽垫代替，最好适当加厚，以免练习某些动作时让背部感觉不适。在房间里练习时，如果有一面能够照到全身的镜子，我们就能随时检查身体的位置是否正确，从而立即进行自我调节了。

适当地运用一些辅助工具，如健身球、伸展带、泡沫轴、普拉提圈等，可以增加动作变化，减小或增加难度，让自己的普拉提练习充满挑战和乐趣。把相同的动作，加入辅助工具，将会大大增强我们身体的核心力量，提高我们身体的控制能力。

瑜伽垫

普拉提垫

普拉提小器材

02 练习频率

　　练习的频率最终取决于练习者个人的身体状况、运动基础和练习目的。对于一般的练习者，如果是大于 45 分钟的完整的练习，我们推荐隔一天练习一次；如果安排的是较短时间的练习，比如 15 分钟左右的练习，则可以每天都进行普拉提的练习；如果是出于特殊的训练目的，比如改善下背痛、脊柱侧弯的运动康复，则最好听从医生或普拉提教练的专业意见。在最初阶段，我们要做的就是享受自己的练习过程，关注自己身体在练习中的感受。自己身体的进步将会是我们坚持练习普拉提的最好动力。

03 选择什么时候练习

在每一天当中的任何时间段都可以练习普拉提。在早晨，肌肉略显僵硬，而通过练习可以很好地放松僵硬的肌肉，提升身体的代谢率，让我们的大脑和身体都做好新一天活动的准备。到了晚上，工作了一天后，我们的大脑和身体都已经处于疲惫状态了，而这时我们做些普拉提练习就可以很好地伸展身体，释放一天来身体承受的压力，并缓解紧张情绪。

如果可以，则最好把练习时间固定在一天的同一时间段里。坚持这样做，有助于练习者形成一种自律的习惯，并产生最佳效果。我们可以根据自己的作息时间选择自己最方便的时间段练习普拉提。

由于练习普拉提时要求收紧腰腹核心，又有许多的腹部挤压动作，所以千万不要在饱餐之后马上开始练习，而应该尽可能在相对空腹状态下练习。我们起码也要在一顿正餐的两小时之后才能开始练习；但也要避免处于完全饥肠辘辘的状态下练习普拉提。在睡前，为了不让身体过度的兴奋造成睡眠障碍，就应该避免练习激烈的动作体式。

> 在早晨，通过普拉提练习可以让我们的大脑和身体都做好新一天活动的准备。例如，练习横向呼吸可以帮助我们复苏肺部功能，而到了晚上普拉提还可以放松我们疲惫的大脑和身体。

早晨可以练习横向呼吸

04 每次练习的时间长短

普拉提运动没有严格的时间限制，每次练习既可以是短短的 15 分钟，也可以是充足的 60 分钟。重要的是，我们需要认真、正确地去完成每个动作。如果只有 15 分钟，我们就要尽量选择那些有针对性的动作，而千万不要仓促地进行练习。应该注重动作的质量，而不是在动作数量上一味地贪多。

如果需要获得最佳练习效果，我们可以根据自己身体的需要，先有针对性地为自己制订练习计划，然后照着练习计划认真地实施。为了避免练习过程中出现乏味的感觉，可以每隔 6~8 周更换一次计划，适当地增减一些练习动作，但注意不要过于频繁地变动计划。

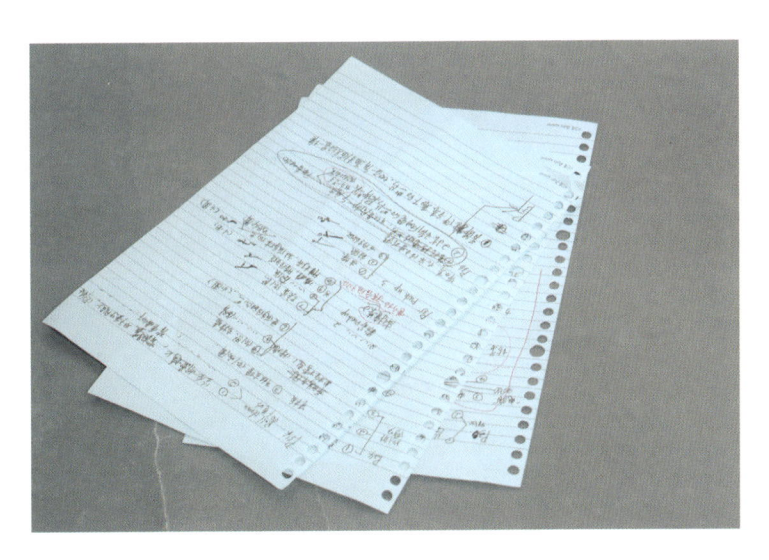

练习计划

05 与同伴一起练习

在家中练习普拉提时，训练同伴既可以是你的家人，比如父母、爱人、小孩，也可以是朋友或闺中密友。无论是他（她）们比你更有经验，还是他（她）们把你看作"老师"，或是一同开始学习，和同伴一起练习都是件有趣的事情，因为这样可以让我们的练习更多样化。我们和同伴之间，在练习时可以互相检查练习动作的准确性，可以互相提醒练习过程中的呼吸方法。在尝试有难度的新动作时，我们还可以互相帮助。通常，如果我们的同伴比自己更富有练习经验，则这会更加安全；在看到我们练习的动作有错误时，同伴还会充当老师的角色，以帮助我们改正。

因为不是独自练习，所以我们必须把注意力更集中在完成动作的准确度上，不要相互盲目攀比，追求动作的难度。我们一定要循序渐进。

和同伴一起练习普拉提是一件有趣的事情。

06 在家练习的安全注意事项

任何运动都有可能给您造成伤害。请仔细阅读以下安全注意事项，以最大限度地保证您在家中练习普拉提时的安全。

○ 如果您患有某些慢性疾病，比如心脏病、糖尿病、哮喘、椎间盘突出、骨质疏松等，请咨询医生，以获得专业意见，并将必要的急救物品放在身边；也可选择和同伴一起练习，以确保练习时的安全。

○ 避免饱腹或完全饥饿时进行练习。

○ 在练习前，要检查自己的练习区域，清除周围所有的锋利物体，以及任何可能让您踩到、滑倒，或绊倒的东西。

○ 检查练习的平面，既不要太硬，也不要太滑。可以尝试在垫上来回做几次"滚动如球"式的动作，感觉一下。地面支撑太硬会让您的脊柱受伤，而太软也会让您无法正确完成练习动作。

○ 在练习一个新动作时，要仔细阅读有关该动作的所有解说并注意细节，最好在教练或是比您更有经验的人的监督和帮助之下进行练习。

○ 感觉身体给您的反馈，既不要强迫自己过度地拉伸肌肉和韧带，也不要让自己的身体承受超过所能承受的实际范围的动作。

○ 切勿一边练习一边和同伴聊天，或者在练习时同时扭头看书或看相关影像资料，以免脖子或脊柱被扭伤。

○ 在您身体状况或是精神状态不佳的时候，容易分散精力，所以此时要避免练习陌生的或者难度较大的动作，以免受到伤害。

07 如何设计自己的普拉提家中练习课程

首先要特别说明的是，不是每一个人都必须练习本书内的每一个动作。每一个人的身体条件和运动基础不同，所以了解自己的身体，知道自己身体的需求很重要。此外，在我们的脊柱和骨盆周围遍布着呈交叉对称的肌肉，以帮助我们稳定我们身体的中轴。大多数人的身体都会存在或多或少的失衡现象，比如我们的肩膀有高有低，髋部两侧的力量和柔韧度不同，躯干前后胸肌和背肌的张力不一致等。如果这种失衡达到了某种程度，身体就会出现各种各样的问题。在练习之前，最好给自己做一次身体评估。这样，在练习时就会比较有针对性。

练习者在学习每一个陌生的动作时，都应该先尽量仔细阅读并理解解说的文字，并且照着文字指南练习。千万不要只是匆匆看了图片，就按着自己的理解"照样画葫芦"。普拉提强调核心控制贯穿整个练习过程，所以只要有规律地练习普拉提，你就会拥有平坦的腹部、结实的肌肉，以及协调而柔韧的躯体。

现代人的工作和生活方式，如伏案工作或学习、长时间对着电脑等，容易造成肩颈部位僵硬、圆肩、腰腹部松弛等，而普拉提运动模式正好相反。它要求把身体核心收紧，而肩颈部和四肢放松舒展。在练习时强调身体肩颈的放松和腰腹核心区域的收紧同时体现在一个动作中。通常初学者在一开始练习时会不太适应，加之普拉提的练习指令比较多，既有肌肉控制，又有呼吸协调等，所以往往会在头几次练习时感到不太适应。不少人在进行了初次的普拉提完整练习之后，会感觉腹部、臀部酸痛不已。在练习了几次，度过起初的适应期之后，身体自然会慢慢调整、适应。这时候一种更健康的新的身体运动模式会逐渐植入你的头脑中。你的身体将变得更加挺拔，肌肉柔韧而有力，富有弹性，动作更为协调平衡。

尽管对于初学者来说每个人在刚刚开始练习的时候感受不尽相同，但针对规律练习普拉提后不同阶段的效果，创始人约瑟夫·普拉提曾经说过一句话："在10节课后，你会感到不同；在20节课后，你会感到身体的变化；在30节课后，你会得到一个全新的身体。"这句话现今已经成为普拉提界的一句流行语。简单的几句话，道出了不同阶段的身体感受和变化。需要明确的是，在正确地练习了普拉提动作之后，我们应该有的感受是身体挺拔、肩颈部放松、腰腹部感到微微收紧、感觉更有精力。

每个人都可以根据喜好，设计适合自己在家中做的普拉提训练计划。尽管这些计划可以在动作选择、强度、频率、持续时间等方面有所不同，但是都必须遵循以下原则。

◆ 循序渐进原则

与其他锻炼方式一样，普拉提练习也会有一个适应过程。循序渐进原则在这里有两层意思：首先，在个人练习的进阶层次上，不要急于练习难度较大的动作，而要从入门动作开始，先理解动作的含义和细节，明白普拉提的运动原则，比如脊柱的逐节运动、中轴的延长、横向呼吸的配合等。在身体的核心控制能力和身体力量增强后，再逐步过渡到更高级别的动作学习阶段。其次，在每次练习的过程中都要注意动作编排顺序的循序渐进。在简单的热身和身体的伸展之后，通常可以选择一些难度不大的动作，唤醒身体的运动感觉，提升神经对肌肉的控制协调能力，然后逐步增加动作的难度，最后可以尝试挑战一下自己。结束之后，再进行一些身体的伸展和放松练习。

◆ 量力而行原则

要根据自己的身体状况和运动基础选择适合自己练习的动作。另外，普拉提还有一些动作变化，可以根据实际需要安排适合自己的动作加以练习。当身体存在任何疾病或伤痛时，一定不要勉强。特别是年龄较大或颈部、背部有严重损伤的人，应该听从医生或专业人士的嘱咐，切勿勉强练习。尤其在和同伴一同练习时，不要盲目地攀比。

◆ 全面性原则

普拉提的训练目的在于获得健康、整全的身体。不要完全凭着喜好设计自己的练习。健康的身体包括拥有充满力量且有弹性的肌肉、强健的骨骼系统、柔韧灵活的关节，以及一定的平衡和协调性等。对于自己较弱的那项素质不要一味回避，而是恰恰相反，更需要关注这方面的练习，针对自己的实际情况设计包含加强肌肉力量、提高身体柔韧性，并改善整体健康的锻炼体系。在计划中既要重视腰腹核心的训练，也要重视上肢和腿部的训练；既要有加强力量的训练，也要有伸展和放松的环节等。不光如此，除了本书中介绍的那些动作练习外，也可以根据需要，在设计练习计划时加入针对强化心肺循环系统的有氧训练。这同样是符合普拉提的全面性原则的。

◆ 平衡性原则

通常情况下，在练习时安排了身体的左侧的动作，就必须安排右侧同样的动作，而安排了仰卧躯干屈曲的动作，就必须安排俯卧躯干伸展的动作，以平衡肌肉，身体左右两侧的动作选择、伸展的停留，以及呼吸次数应该保持一致。不过，有时候，平衡并不意味着绝对的一致，对于某些身体已经失衡的练习者，可以适当增加较弱一侧肌肉的力量练习，同时伸展过度紧张僵硬的一侧肌肉。

◆ **流畅原则**

在起初进行动作学习时，每一个动作都应该做得缓慢，步骤分明。当掌握了普拉提动作的每一个步骤的要求和各项细节后，就要注意每个动作步骤的连接应该是连贯的，动作表现应该是整体看起来流畅、舒展的。整节普拉提练习不像力量训练那样需要动作之间存有间歇休息，所以流畅原则除了体现在单个动作上以外，通常也适用于整节练习课程的动作编排，比如为了做到动作之间的连接顺畅，要尽量将体位一致或有联系的动作设计在一起做，免得不同姿势的频繁转换破坏了整个练习的连贯性。当然，这是建立在掌握每个动作的基础之上的。

08 普拉提家中训练计划样本

每一个普拉提的动作都是周期性重复的连贯动作练习。对于大多数动作，都要正确地、有控制地重复 6~10 次。考虑到肌肉的失衡因素，可能某一侧的动作或某一个特定的肌肉群还需要额外的重复练习。在整节训练课程安排里，我们必须考虑设置最初的热身动作、动作的启动及循序渐进，以及最后的伸展和放松练习。根据不同的时间安排，这里设计了两套家中练习的计划，以供参考。

要听从身体的反馈。如果在这个练习计划中，你不喜欢这个练习或者你感觉有任何身体的不适，就要运用动作变化中的难度调整或使用辅助器材代替这个动作，也可以用一个针对同一类型肌肉群的不同动作替代之。

需要强调的是，在不同的阶段，可以通过改变练习计划的动作选择或动作编排的顺序保持运动的兴趣，避免厌倦情绪的积累。

现在，你做好这些准备了吗？让我们数"1，2，3"，精神饱满地投入到自己的普拉提练习中去吧。

◆ **计划样本一：高效的短时间练习**

如果你是一个工作繁忙、生活节奏较快的人，甚至你没有充足的时间在家中完成历时一个小时的练习，那该怎么办呢？你可以为自己设计一个 15～20 分钟的短时间练习计划，比如我们为您准备的这个计划样本一。尽管比起更长时间的练习，它的总体时间要短，但是只要你持之以恒，坚持练习，它的效果还是显而易见的。

1 提腰伸展（Waist Lift） 2 侧伸展（Side Stretch） 3 向下卷动（Roll Down）

4 骨盆倾斜（Pelvic Tilt）　　5 卷腹旋体（Chest Lift with Rotation）

6 普拉提式起蹲（Pilates Squat）　　7 长躯席卷（Roll Up）　　8 天鹅宝宝（Baby Swan）

9 十字交叉（Criss Cross）　　10 "V"形悬体预备式（Teaser Preparation）

11 骨盆卷动（Pelvic Curl）　　12 卷腹抬起（Chest Lift）　　13 百次拍击（The Hundred）

14 天鹅翘首（Swan）　　15 猫背伸展（Cat Stretch）　　16 单腿伸展（Single Leg Stretch）

17 滚动如球（Rolling Like a Ball）　　18 休息放松式（Rest Position）

◆ **计划样本二：时间充裕的全方位练习**

这个计划需要45～60分钟。它更适于有更充裕的时间、能够投入普拉提训练的练习者。比起前面的计划样本一，这个练习计划明显能够更加全面地锻炼身体的各个部位，并兼顾增强力量、柔韧性和协调能力。在几周后，你既可以选择同一类型的动作进行替换，也可以在同一个动作上进行动作升级，以增加练习的乐趣和挑战性。

1 美人鱼侧伸展（Mermaid Side Stretch）

2 脊柱前伸（Spine Stretch Forward）

3 百次拍击（The Hundred）

4 长躯席卷（Roll Up）

5 脊柱前伸（Spine Stretch Forward）

6 坐姿脊柱旋转（Seated Spine Twist）

7 旋体拉锯（Saw）

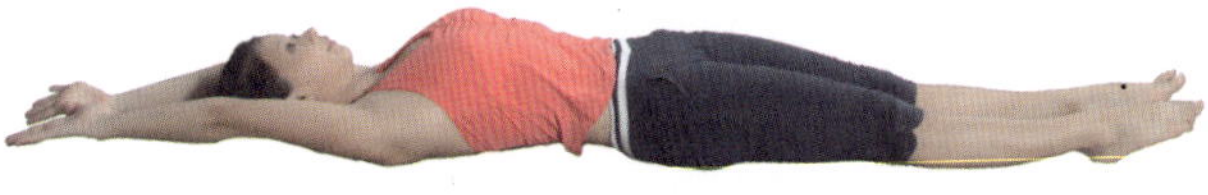

8 提腰伸展（Waist Lift）

9 侧卧抬腿1（Side Leg Lift 1）

10 骨盆摆钟（Pelvic Clock） 11 行军踏步（March In） 12 仰卧脊柱旋转（Spine Twist Supine）

051

13 天鹅翘首（Swan） 14 猫背伸展（Cat Stretch） 15 俯身撑起（Push Up）

16 仰撑抬腿（Leg Pull Up） 17 单腿伸展（Single Leg Stretch） 18 十字交叉（Criss Cross）

19 侧卧抬腿2（Side Leg Lift 2） 20 侧卧单腿画圈（Side Leg Circle）

21 侧卧香蕉卷起（Side Leg Banana）　　22 俯身游泳（Swimming）

23 骨盆卷动（Pelvic Curl）　　24 肩桥预备（Shoulder Bridge Preparation）

25 双腿伸展（Double Legs Stretch）　　26 "V"形悬体预备式（Teaser Preparation）

27 空中折刀（Jackknife）　　28 腹肌伸展1（Abdominal Stretch 1）

第二章 在家练习普拉提

053

29 休息式放松（Rest position）   30 臀肌伸展 1（Gluteus Stretch 1）   31 臀肌伸展 2（Gluteus Stretch 2）

32 肩基举桥（Shoulder Bridge）    33 超越卷动（Roll Over）

34 "V" 形悬体 1（Teaser1）    35 仰卧抱膝（Knee to Chest）

36 休息放松式（Rest Position）    37 海豹拍鳍（Seal）

第三章
普拉提的伸展和放松

久坐的生活方式和压力情绪都会导致肌肉的紧张和关节活动范围的减小。伸展的目的是增加肌肉的柔韧度，平衡肌肉的紧张压力，拓展关节的有效活动范围。当身体的某一部位紧张时，它就会限制关节活动的范围并妨碍肌肉正确地运动。

01 有关伸展的基本理论

伸展练习的目的是提高跨过关节的肌肉、肌腱、韧带等软组织的活动范围，增加肌肉的柔韧度，平衡肌肉的紧张压力，拓展关节的有效活动范围。无论何种伸展方法，其共同点都是将目标肌肉拉伸到一定的长度，克服它的牵张反射，以最终放松肌肉纤维。对于任何人而言，保持肌肉的力量、弹性和柔韧度，对于维持身体健康、降低身体遭受意外的运动伤害，都有着积极的意义。

◆ 肌肉伸展的神经生理学基础

人体的每块肌肉都有各种类型的感受器。它们一受到刺激，就会将刺激传送给中枢神经系统，而中枢神经系统则指挥肌肉做出相应的反应。在伸展反射中，有两种感受器颇为重要：肌梭（Muscle Spindle）和高尔肌腱器（Golgi Tendon Organ）。

以上两种感受器对肌肉长度的变化均很敏感。当肌肉伸展时，肌梭也被拉长，并向脊髓送入一系列感觉刺激信号，通知中枢神经系统肌肉被拉长了。从脊髓返回肌肉的信号刺激使肌肉反射地收缩，以此抵抗伸展。这便是牵张反射。

高尔肌腱器也称腱梭。高尔肌腱器侦测肌肉的张力。当肌肉的张力非常大或者维持时间超过一定范围时，高尔肌腱器会发出抑制效应，通过神经使肌肉放松。

◆ 伸展的方式

静态伸展：拉伸到一个相对最大的幅度并保持住的方法

这是一种相对比较和缓的拉伸方式。这种方法可以是运用自身肌肉的收缩拉伸对侧的目标肌肉，然后维持在这个最大幅度。例如站姿，先屈髋屈膝抬高大腿，然后伸直膝盖，以伸拉大腿后侧腘绳肌；也可以借用外力帮助自己进行伸展。例如，将腿放在把杆上进行压腿，以伸拉腘绳肌。

动态伸展：动态伸展主要运用自身肌肉的收缩拉伸对侧的目标肌肉

这种方法既可以是全幅度的、匀速或冲击性的拉伸，也可以是在拉伸终了时进行有节律性的振动拉伸运动。

PNF收缩—放松技术：PNF是"本体感受神经肌肉促进法"的简称

此方法常常由同伴协助完成，但在缺少同伴的帮助下也可自行完成。方法是先将目标肌肉伸展到最大幅度，并维持在该位置达15~30秒。接着收缩目标肌群和同伴或支撑物进行静力性的对抗达6~10秒。然后，放松肌肉并慢慢地移动末端，以拉伸到更大的幅度。就这样重复3次后，再保持30秒或更长时间的静态拉伸。

伸展的益处

❶ 缓解肌肉紧张程度。

❷ 降低肌肉受伤概率。

❸ 降低焦虑，缓解精神疲劳感。

❹ 提高人体柔韧性，增加关节活动幅度。

❺ 改善和维持良好的姿态。

❻ 预防和克服下背痛或其他脊柱问题。

◆ **来自美国运动医学会（ACSM）的伸展建议**

F（频率）：每周至少 2～3 天；最理想的是：每周 5～7 天。

I（强度）：伸展至关节范围内某端紧张但不是疼痛的位置。

T（方式）：静态伸展。

T（持续时间）：每次伸展至少保持 15～30 秒，且每个静态伸展重复 2～4 次。伸展所有的主要肌群。

02 强针对性的伸展练习

普拉提的很多动作都可以帮助伸展长期处于紧张状态的各个身体部位,特别是肩膀、颈部、下背部、髋部和大腿后侧的腘绳肌。可以把普拉提的伸展练习设置在运动前,穿插在运动中,以及运动结束时进行。此外,你也可以有针对性地对自己比较紧张、僵硬的部位随时进行伸展。有针对性的伸展动作更可以提高身体的柔韧度并扩大相应关节的活动范围,同时也有利于做普拉提的其他动作。

◆ 向下卷动:脊柱的逐节运动

这是一个站立位的连贯性的动态伸展动作。如果你感到某个位置比较僵硬,你就在这个位置停留,做静态伸展并保持一会儿。如果你经常伏案,或是清晨醒来时常感到背部僵硬,那么练习此动作可以迅速调节你的颈肩背部区域的肌肉紧张度。练习时要求调动核心,控制"脊柱的逐节运动",逐步拉伸每一个脊柱关节;而当向上运动时,则反方向逐步还原。如果你想要拥有灵活健康的脊柱,你就把它作为你的日常伸展练习吧。

动作步骤

❶ 直立,两腿分开与肩同宽,两肩放松下沉,双手自然放松。

❷ 吸气,头向上顶,感觉脊柱更加拉长一些;呼气,身体开始启动下卷动作。首先低下头,让下巴靠近身体,然后放松双肩,两臂放松自然垂于身体两侧的稍前方。收腹,骨盆向上提。继续向下卷动,膝盖可以稍稍弯曲放松,脊柱逐节下落,头部和肩膀完全放松,两臂自由垂落。

向下卷动(Roll Down)

❸ 吸气,身体开始向上运动,收腹,启动核心力量,脊柱逐节被拉动到起始位置。

目标 伸展背部以及脊柱的每一个小关节。

重复次数:4~6次。
伸展方法:动态伸展。

注意事项

❶ 骨盆保持稳定。
❷ 肩膀和手臂放松。
❸ 以腹部为核心启动动作。

◆ **侧伸展：修塑侧身线条**

❶ 双腿交叉坐在垫上，把双手打开并将其放在身体两侧。

❷ 吸气时，身体保持坐高，脊柱向上伸展；呼气时，从身侧举起一侧手臂，然后身体沿一个冠状平面向另一侧伸展，上臂在耳朵外侧。注意保持身体重心仍然在中间。

❸ 吸气，回到中间。呼气时交换伸展另一侧。

侧伸展（Side Stretch）

动作变化

❶ 站姿侧伸展。

❷ 加入转颈，在侧伸展时将目光投向支撑手。

目标 伸展躯干侧面和背部、背阔肌、腰方肌等。

重复次数：2 ~ 4 次。

伸展方法：动态伸展，或每个方向保持 20 ~ 30 秒。

注意事项

❶ 收腹，骨盆保持稳定。
❷ 在伸展手臂时避免耸肩。
❸ 头部不要倾斜。
❹ 身体在一个冠状平面伸展。

◆ 美人鱼侧伸展：锻炼背部肌群

❶ 采取坐姿，然后左腿屈膝，让脚跟靠近大腿根部，右腿髋关节内旋屈膝，将脚放于身体后侧靠近臀部的位置，尽可能保持两侧坐骨平衡地压在地面上 [在普拉提里，我们把这个姿势称为"美人鱼坐姿"（Mermaid）]，让双手自然垂落在身体两侧。

❷ 吸气，从身侧抬起右手，向左侧伸展，要保持臀部重心不变，尽可能让侧肋部展开。

❸ 呼气时，身体向内侧旋转，尽可能保持骨盆稳定，视线转向下。

❹ 吸气，让右手回来握住右侧小腿胫骨外侧或脚踝处，左手握住右膝盖。然后，呼气时身体向右侧反方向伸展，身体向内旋转，视线向内向下。

美人鱼侧伸展（Mermaid Side Stretch）

动作变化

❶ 两侧不加入旋体动作，只做侧方向的伸展。

❷ 将双腿改为上下交叠，置于身体一侧。

❸ 辅助器材：在身体一侧加入泡沫轴，辅助伸展。

目标 伸展躯干侧面及背部、背阔肌、腰方肌等。

重复次数：两侧方向各 2～4 次，再交换腿部方向。

伸展方法：动态伸展。

注意事项

❶ 收腹，骨盆保持稳定。

❷ 在手臂伸展时，避免耸肩。

❸ 身体在一个冠状平面伸展。

◆ 穿针引线：灵活脊柱

❶ 四足支撑，手臂和大腿垂直于地面。

❷ 侧身，放低身体，让右手掌心向上，穿越左手内侧。放低右侧肩膀落地，将脸转向左侧。打开左手向上指向天空。

❸ 左手绕过背后，让掌心向后。如果可以，则让手指扣入右大腿内侧，打开肩膀，以促进脊柱伸展扭转。

穿针引线（Through the Needle）

❹ 放开左手，重新支撑在地面上，然后缓缓回到"四足支撑"位。交换另一侧。

目标 在水平面充分伸展脊柱的每一个小关节，并伸展、放松躯干斜侧面、肩膀、背部的肌肉。

重复次数：两侧方向各 2 次。

伸展方法：静态伸展，每次 20 ~ 30 秒。

◆ 髋屈肌伸展：平衡体态

这个伸展练习也被称为"Lunge"（意为"弓箭步剪蹲"）。以髂腰肌为主的髋屈肌群是我们身体最紧张，又比较容易忽略伸展的肌肉之一。这些肌肉的紧张容易导致姿态的失衡，以及身体的各种不适。

❶ 采取跪姿，一侧腿向前跨上一大步，呈弓箭步姿势，前侧小腿垂直地面，双手在前脚掌两侧撑地支持。调整两腿间距，让两腿尽可能拉开距离。

❷ 双手扶住前侧膝盖上方，慢慢抬起身体，目视前方，背部挺直，脊柱向上延伸，体会髋部前侧的伸展。

目标 伸展髋屈肌。

重复次数：两侧各伸展 1 ~ 2 次。

伸展方法：静态伸展，保持 20 ~ 30 秒。

髋屈肌伸展（Hip Flexor Stretch）

注意事项

❶ 保持脊柱中立位，不要塌腰。

❷ 收腹，骨盆可稍稍后倾，感觉身体从髋部向上拔高。

❸ 前侧膝盖在伸展时不要超越脚尖。

◆ 腹肌伸展1：优化腹部曲线

俯卧，肘关节弯曲，以双手前臂支撑，使大臂与地面保持垂直，抬高头和上半身。腹部往内收缩。

腹肌伸展1（Abdominal Stretch 1）

◆ 腹肌伸展2：收紧小腹

用手掌撑地，慢慢抬高身体，手臂不一定需要完全伸直，直至感到腹部肌肉的拉长伸展即可，再稍稍将肚脐拉向脊柱。

腹肌伸展2（Abdominal Stretch 2）

目标 伸展腹部肌肉。
重复次数：1～2次。
伸展方法：静态伸展，保持20～30秒。

注意事项
❶双手往下支撑用力，不要耸肩。
❷避免下背部感到压力，保持脊柱中立位，不要塌腰。
❸收腹，感觉从髋部向上拔高。

◆ 脊柱前伸：舒展背部

双腿盘坐，弯曲背部，令脊柱伸展向前，双手沿着地板向前延伸，将头埋在两臂之间。

脊柱前伸（Spine Stretch Forword）

目标 伸展背部，放松肩颈。
重复次数：1～2次。
伸展方法：静态伸展，每次15～20秒。

注意事项
❶肘关节、肩膀和颈部保持放松。
❷使骨盆保持相对稳定，双腿可以上下交替一次，以平衡髋关节压力。
❸如果背部或髋关节区域紧张，则可以垫高臀部，以缓解压力。

◆ 脊柱旋转伸展：纠正肋骨外凸

❶ 屈膝侧卧，将双手放在身体前方，合拢手掌。

❷ 吸气，向上打开手臂。

❸ 呼气，随着脊柱旋转，向后打开手臂。

脊柱旋转伸展（Supine Spinal Rotation）

❹ 吸气，停留在这个位置。呼气时，身体转动并带动手臂回到原位。

动作变化

❶ 可以在步骤3伸展的位置停留3~5个呼吸间隔。

❷ 两膝盖合拢，抬高，靠近身体，用手压住，转动身体，向另一侧打开手臂，视线转向对侧。

目标 打开肩膀和胸廓，伸展胸椎和颈部。

重复次数：1~2次。

伸展方法：动态、静态结合伸展，每次15~20秒。

注意事项

❶ 在旋转脊柱时，注意核心的引领。
❷ 让骨盆保持相对稳定。
❸ 放松肩颈，让脊柱保持中立，避免肋骨外凸。

◆ 猫背伸展：灵活脊柱

猫背伸展能够增加脊柱，尤其是上背部的灵活性，强化前锯肌和肩带稳定肌群。无论对于经常伏案从事电脑工作的人，还是对于喜爱打球的人，这个动作都十分有益处。在练习时想象你的脊柱像猫或蛇一样柔软，试着每次逐节移动脊柱。

❶ 四足支撑，手臂保持伸直，并和大腿一同都垂直于地面，身体处于自然中立位。

❷ 吸气，身体保持不动，肋骨向两侧方向打开。呼气时，收缩腹部，尾骨往内卷，逐节带动脊柱，肩胛向两侧慢慢滑动，直到把上身的脊柱推向天花板，拱起背部，让身体形成一个开口向下的"C"形。

❸ 吸气时，从尾骨打开开始启动，如波浪般逐节反向推动脊柱。两侧肩胛骨滑动，向中心靠近。让胸骨往地板下垂，抬头，将胸骨稍稍向前拉长，脊柱向上呈反向伸展。

猫背伸展（Cat Stretch）

目标 伸展背部，打开胸廓和肩膀，使脊柱各关节活动。

重复次数：两个方向各伸展2～4次。

伸展方法：动态伸展，或静态伸展，保持10～20秒。

注意事项

❶ 不要锁住肘关节。若肘关节有超伸现象，则可将双臂微微内旋，以减小对关节的压力。

❷ 不要与瑜伽的"猫伸展"练习相互混淆。在做第❸步向上伸展背部时，要保持均匀的、自然的屈度，以避免过度后仰头部，以及用塌腰换取背伸展的幅度。

◆ 提腰伸展：灵活腰部

仰卧，就像伸大懒腰一样，将双臂伸过头顶，带动躯干尽力向后伸展，同时双腿伸直，尽力向反方向伸展。也可以设想有两股力量把你拉向相反的方向。

这个练习可以很好地伸展全身的肌肉和关节。如果感觉双手伸展不够充分，则可以将两手的大拇指相互扣起来，以便带动躯干进行更大程度的伸展。

提腰伸展（Waist Lift）

动作变化

采取站姿或坐姿，双手手指相扣，让双臂伸过头顶，带动躯干尽力向上伸展。

目标 伸展躯干和四肢，打开胸廓和肩膀。
重复次数：伸展2次。
伸展方法：静态伸展，保持10～20秒。

◆ 股四头肌伸展：优化大腿曲线

股四头肌位于大腿前侧。当走路、上下楼梯、起蹲时都会用到这块肌肉。这块肌肉疲劳到一定程度时，会使膝盖受到损伤。在做以下伸展练习时，如果你无法抓住脚，那么你可以将一块毛巾绕在脚上，再用手握住毛巾的两头。

直立，弯曲一侧膝盖，抬腿，直至将脚跟靠近臀部。以同侧手握住脚踝或脚背。如果感觉大腿前侧伸展不明显，则可以再适当弯曲肘关节，将腿拉高，直至感觉股四头肌完全伸展。如果可以保持身体平衡，则也可以用双手同时握住脚踝或脚背。

股四头肌伸展（Quadriceps Stretch）

目标 伸展大腿前侧股四头肌。
重复次数：伸展1～2次。
伸展方法：静态伸展，保持20～30秒。

注意事项

❶ 如果有需要，则可以用手扶住墙壁或其他固定支撑物，以辅助身体实现平衡。

❷ 注意两侧大腿保持靠拢。

❸ 身体不要歪斜，脊柱保持中立位。

◆ 臀肌伸展1：强效提臀

我们需要强有力的臀部肌肉，以便在行走、蹲起以及上下楼梯时给予我们足够的支撑力，并撑起上翘有型的臀部，同时也需要它具有一定的弹性和伸展度。在做完普拉提针对臀部的练习后，可以即刻进行臀肌的伸展。

❶仰卧屈膝，将一侧腿横在另一侧腿上，抬起头，双手抱住支撑腿的后侧。

❷躺回到地面，保持腹部收紧，骨盆固定，同时用手拉动支撑腿，直到上侧腿的臀部感到完全伸展。肩膀和颈部放松，保持均匀呼吸。

臀肌伸展1(Gluteus Stretch 1)

动作变化

对于柔韧度较好的人士，若感觉伸展不明显，则可以将手改为抱住小腿的胫骨前侧。

◆ 臀肌伸展2：优化臀部曲线

❶采取坐姿，弯曲膝盖，双手支撑在身体后侧，然后将一侧腿横放在另一侧腿上。

❷重心稍向后靠，然后将下侧支撑腿脚跟靠近臀部，保持背部尽量挺直拔高，身体慢慢向前倾，直到上侧腿的臀部感到完全伸展。肩膀和颈部放松，保持均匀呼吸。

❸在伸展完一侧臀部肌肉后，可以抬高臀部，然后在空中交换腿的位置，再放回原位，伸展另一侧。

臀肌伸展1(Gluteus Stretch 2)

目标 伸展臀部肌肉。
重复次数： 伸展1～2次。
伸展方法： 静态伸展，保持20～30秒。

注意事项

❶伸展时，一定要将骨盆位置固定。
❷背部要保持挺直。
❸肩膀和颈部要保持放松，脊柱保持中立位。

◆ 腘绳肌伸展 1：预防下腰痛

腘绳肌位于大腿后侧。多数人的腘绳肌会随着年龄的增长呈现紧张的趋势。由于腘绳肌在上端连着坐骨结节，因此长此以往可能会造成姿态的失衡，从而引起下腰痛等问题。如果有需要，则可以随时增加腘绳肌伸展的频率和持续时间。

仰卧，双腿屈膝，抬起一侧腿部，用双手抱住膝盖窝后侧，以固定大腿，然后尽量向上伸展。在最顶端稍稍屈曲脚踝，做勾脚动作，以帮助进行更充分的伸展。注意要把髋部固定住，不要让臀部抬起。

腘绳肌伸展 1（Hamstring Stretch 1）

辅助练习：用普拉提伸展带来辅助，在足弓处绕过伸展带，以双手拉住。

◆ 腘绳肌伸展 2：缓解下腰痛

❶ 采取站姿，将重心放在左腿，稍稍弯曲膝盖，将右脚跟伸向右斜上方，然后放于地面，转动身体，让身体正对右脚脚尖的方向，将双手轻轻放在右侧大腿或膝盖上方。

❷ 保持背部尽量挺直，但支撑腿可以保持稍稍弯曲。从髋部启动，慢慢下压，放低身体，直到大腿后侧腘绳肌略有拉长伸展的感觉。然后屈曲脚踝，勾起右脚尖，直到完全伸展。

腘绳肌伸展 2（Hamstring Stretch 2）

目标 伸展大腿后侧腘绳肌。
重复次数：两侧腿各伸展 1 ~ 2 次。
伸展方法：动态伸展，或静态伸展，保持 15 ~ 20 秒。

注意事项

❶ 伸展到自己感觉到最大的程度即可。

❷ 在伸展时，一定要将骨盆位置固定。

❸ 肩膀和颈部要保持放松，脊柱保持中立位。

❹ 在伸展停留时，尽量加深并放慢呼吸。

◆ **向上伸展：舒展全身**

这个伸展动作来源于瑜伽的"下犬式"，同时也是"俯身撑起"练习的一部分。实质上，这个伸展练习跨过了多个关节和肌群，而所伸展的则是整个身体的后侧系统。

❶ 双膝跪地，双手手掌支撑地面，做"四足支撑"的姿势。

❷ 慢慢伸直膝盖，直至身体呈反转的"V"字形。保持双手前推，尽量让肩膀远离耳朵，双腿脚跟压向地板，视线向内，脸部放松。

目标 伸展腿部后侧腘绳肌、腓肠肌，以及肩、背部等。

伸展方法： 静态伸展，保持15～30秒。

向上伸展（Up Stretch）

◆ **小腿伸展：优化小腿曲线**

❶ 采取站姿，将双手置于髋的两侧。向前跨一大步，使脊柱保持自然中立位。将背部挺直，向上伸展。将后侧腿伸直。

❷ 调整后侧脚尖，使之正对着前侧，让身体面对前方。把后侧脚跟压向地板并保持住，然后慢慢弯曲前侧膝盖，直到有后侧腿的小腿后侧拉长至完全伸展的感觉。

辅助练习：可以用手扶住墙面、桌子等固定物，以帮助稳定身体重心。

小腿伸展（Calf Stretch）

目标 伸展小腿后侧腓肠肌等。

重复次数： 两侧腿各伸展1～2次。
伸展方法： 静态伸展，保持15～30秒。

注意事项

❶ 注意膝盖不要超过脚尖。如果感觉不明显，就将两腿分开得再远一点。
❷ 在伸展时，骨盆和脊柱保持中立位。
❸ 头部正直，肩膀和颈部要保持放松。

03 舒适的放松练习

身体的某一部位紧张时就会限制相关关节的活动范围并妨碍肌肉正确地运动。某些普拉提的伸展练习对练习者具有一定的放松功效。除此之外，普拉提还有一些专门的放松练习，可放松身体长期紧张的部位，包括颈部、肩部、下背部和髋部。

◆ 颈部放松：放松肩颈

可以仰卧、坐或站着完成颈部放松练习。在办公的间歇做一下颈部放松是一个非常好的习惯。注意目的是放松，故活动幅度不用太大，且整个练习过程要保持颈部自然向上舒展（可以结合"肩颈伸展和放松P29"进行练习）。

练习步骤

保持脊柱中立位，肩颈部先完全放松。

❶ 左右运动：将头从一边慢慢转到另一边，幅度由小到大，来回重复4～8次。

❷ 上下运动：头部上下运动，重复4～8次。

❸ 绕圈运动：颈部放松，用鼻子画小圈。在4～8圈后，反方向重复画圈。

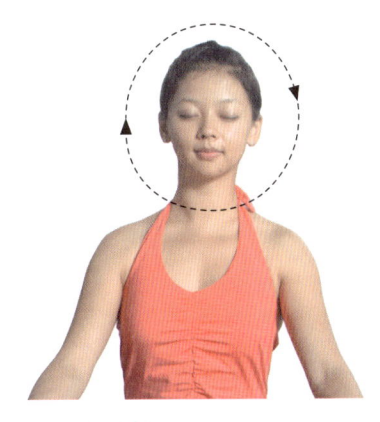

颈部放松（Neck Release）

想象技巧

尽可能使动作流畅。想象你的鼻尖上有一把刷子，用你的鼻子在前面的墙壁或者天花板上仰卧画线和画圈。

◆ 垂立松颈：放松颈部肌肉

对于现代人，尤其是办公一族，长时间地保持一个姿势，极易造成肩部和颈部肌肉紧张。这个练习能够迅速放松颈部周围的肌肉，缓解颈椎的压力。

练习方法

❶ 分腿站立，低头，然后向下卷曲脊柱，膝盖随之自然弯曲，直至双手落在脚面或地板上，头顶中心指向地面。

❷ 放松脖子，轻轻左右摇动头部，直至感到头部的重量。接着慢慢晃圈，感觉颈部区域的放松。

❸ 脊柱逐节卷动向上，回到站姿。

垂立松颈（Standing Neck Release）

注意事项

❶ 头颈部越放松，就会感到头部的重量越大。

❷ 低头和起身抬头须慢慢过渡。对体位变化敏感的人谨慎练习或略过此练习。

❸ 高血压、脑血栓和有中风史的练习者略过此练习。

◆ 垂立松肩：放松肩关节

日常的工作和生活总倾向于让我们的肩膀肌肉充满紧张感。在这个练习中我们必须将注意力完全集中在肩关节。这个练习的益处在于放松肩关节和这个区域的肌肉。

练习步骤

❶ 分腿站立，低头，然后向下卷曲脊柱，膝盖随之自然弯曲，保持双手悬空，头顶中心指向地面。

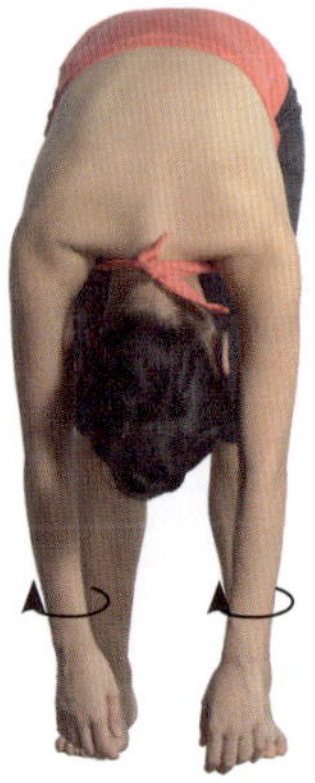

❷ 集中意识感觉肩关节的完全放松，双臂放松下垂，然后以惯性力慢慢绕小圈。接着反方向绕小圈。

❸ 脊柱逐节卷动向上，回到站姿。

想象技巧

想象你的双臂被两个大钉子钉在肩关节上，做完全放松的运动。

注意事项

❶ 肩膀和手臂越放松，就会感到手臂的重量越大，能体会手臂惯性作用下的运动。

❷ 低头和起身抬头须慢慢过渡。对体位变化敏感的人要谨慎练习或略过此练习。

❸ 高血压、脑血栓和有中风史的练习者略过此练习。

◆ **望远镜：提高上肢协调性**

此练习的目的是为提高肩关节的活动性，以及脊柱、肩膀、手臂和头部的协调性。注意在整个运动中，手臂放松，以核心带动肩臂，尽可能使动作流畅和协调。

练习步骤

❶ 屈膝侧卧，两手臂向身体前面伸直。

❷ 吸气时，让上面的手臂往前方滑出，超过下面的手臂，身体顺着往前旋转。

❸ 身体往后旋转，带动上面的手臂沿着下臂、锁骨滑回来，直到滑过身体，往后打开。

望远镜（Telescope Arms）

❹ 收腹，随着身体旋转收拢上臂，回到原位。

重复：3~6次。

◆ 大风车：提高肩胛活动性

在整个运动中，以核心带动肩膀和手臂。在舒服的前提下，尽可能使手贴近地板，尽量使过程流畅和协调。这个练习可以放松肩带区域，提高肩胛的活动性，以及脊柱、肩膀、手臂和头部的协调性。

练习步骤

❶ 屈膝侧卧，两手臂向身体前面伸直。

❷ 吸气时，让上面的手臂往前方滑出去超过下面的手臂，身体随之顺着往前旋转。

大风车（Pinwheel）

❸ 呼气，身体往后旋，带动上面的手臂绕过头部往后画弧，直至手臂指向身体后侧，目光向后看手指方向。

❹ 吸气，保持不动。呼气，收拢身体，带动手臂滑回原位。

重复：3~6次。

◆ 雪地天使：改善圆肩

在整个运动中，尽可能协调双臂与髋、身体和头部的运动，使动作更为流畅。此练习的目的在于放松肩带区域，扩展肩带的功能活动范围，促进双臂在冠状面的活动，以及手臂、肩膀、脊柱和头部的协调性。

练习步骤

❶ 仰卧屈膝，保持脊柱中立位，手臂在身体的两侧往外打开，令肩膀和两臂放松。

❷ 左臂沿着地板向上滑向头部，而另一手臂沿着地板向下滑向髋部。

❸ 换回原位，继而交换方向滑动手臂。

雪地天使（Angels in the Snow）

重复：3～6次。

动作变化

❶ 加入颈部转动，即滑动双臂时转头看向上方的手。

❷ 加上伸髋伸膝动作，即滑动双臂时，让上臂对侧腿往外滑动伸直。

想象技巧

想象你躺在雪地里或是温暖的沙滩上，用你的手臂画出印子。

◆ 背部放松：伸展背部

目标 伸展背部，放松肩膀和颈部。

练习步骤

采取坐姿，两膝盖弯曲，脊柱逐节放低，弯曲背部，头部低垂，将头埋在两膝盖之间。尽可能放松背部，放松脸部和肩膀。保持20～30秒。

背部放松（Back Release）

◆ 仰卧抱膝：改善腰痛

无论是对家庭主妇、退休老人，还是对办公一族，或者对职业运动员，这都是一个非常好的放松下背部的动作。由于它具有较好的安全性，动作简单，所以适合练习此动作的人群非常广泛。

练习方法

仰卧，双膝弯曲，双手抱住膝盖，或在膝盖后侧手指相扣，将膝盖拉向胸口。也可以加入轻轻的左右摇晃，按摩背部脊柱以及两侧的肌肉和神经。均匀深长地呼吸，保持放松。维持20～30秒，或者更长的时间。

仰卧抱膝（Knee to Chest）

◆ 左右摆尾：腰部放松

练习这个动作的目的是在椎间盘没有受压的前提下放松髋关节和腰骶部位，同时这个练习也能在冠状面增加脊柱的活动性和柔韧性。

练习步骤

采取"四足支撑"着地姿势，屈膝抬起一侧的脚。接着脊柱向侧面左右屈曲。想象脚就是你的尾巴，看着它从一边转到另一边。

左右摆尾（Tail Wag）

◆ 尾巴画圈：灵活腰骶部

此动作的益处是放松腰骶部位，增加脊柱的活动性和柔韧性。

练习步骤

采取"四足支撑"姿势。想象脊柱末端有一条尾巴，保持肩和躯干稳定。转动髋部，想象用尾巴在后面墙上画圈，松动每一节脊柱。

尾巴画圈（Hip Circle）

◆ 骨盆摆钟：平衡骨盆

这个练习能够有效通过控制骨盆周围的深层核心肌肉，缓解背部和髋部的紧张，帮助平衡髋部和骨盆周围肌肉的收缩压力，同时帮助检查自己是否存在肌肉失衡的状况，从而树立骨盆中立位的正确意识。

练习步骤

❶仰卧，脊柱保持自然中立位，膝盖弯曲，双足着地。想象将一面钟平放在你的骶骨下面，把12点刻度对准自己头的方向。

❷前倾和后倾练习：想象从12点（腰部）到6点（尾骨）前后来回倾斜骨盆，然后找到这之间的平衡。

❸左倾和右倾练习：想象从3点（左髋）到9点（右髋）左右来回倾斜骨盆，然后回到中间，感受左右髋部均匀的受力。

❹完整地画圈：依次从12点移到1点、2点，直到完成一个圈，尽可能在点与点之间流畅均匀地移动。完成画圈后，反方向重复。骨盆轻轻地沿着每一个钟点移动，最后在骶骨中心找到一个平衡点，感到髋部、腹部和下背部的受力都很均匀。

骨盆摆钟（Pelvic Clock）

想象技巧

除了钟的想象方法，也可以想象在你的小腹部上方有一碗水，你试着把水往每个方向倾斜，但不要把水溅出来。

◆ 单膝伸拉：放松下背部

这个动作能够很好地放松下背部的过度紧张，同时缓和地拉伸臀部和下背的肌肉。由于动作幅度不大，所以对久坐办公室的人、背部和臀部肌肉僵硬者、患有慢性下背痛的人，以及老人来说，此动作是个非常安全的放松和伸拉练习。若练习者有脊柱侧弯或存在身体两侧肌张力不平衡的状况，则可只做单侧。

练习方法

仰卧，一侧腿屈膝，接着双手抱住膝盖后侧（也可将手指或双臂交叉环绕在膝后侧），将屈膝腿缓缓拉向自己的身体，直至有稍许牵拉限制。保持这一姿势20～30秒，维持正常呼吸。

单膝伸拉（Single Knee to Chest）

动作变化

如大腿后侧腘绳肌比较紧张，则可以弯曲在地面一侧腿的膝盖。

◆ 膝盖搅动：有效润滑髋关节

这个练习能够有效润滑髋关节，放松髋关节及其周围的肌肉。对要求长时间站立，或在长时间行走、跑步或登山之后的人来说，此练习能够迅速放松紧张的髋部肌群。对于髋关节有问题的人来讲，这也是一个安全的放松练习。

练习步骤

仰卧，双手抓住各侧的膝盖，尽量放松髋关节和大腿，让股骨在髋关节里轻轻"搅动"。顺时针完成6～8次后交换方向。

膝盖搅动（Knee Stir）

辅助器材

在仰卧位置以伸展带捆住一条腿的膝盖下方，双手拉着伸展带让股骨在髋关节里正反方向交替画圈。尽可能放松髋部。

想象技巧

想象用你的大腿骨（股骨）轻轻搅动一碗汤，但不要碰到碗底。

◆ 膝盖开合：迅速放松髋关节

这个练习被称为"Knee Fold"，意为膝盖打开与合拢。或者也称之为"Hip Release"，意为"髋关节放松与释放"。和《普拉提》一书中的入门练习中的"单膝下放"和"单膝滑行"有所区别的是，"膝盖开合"的目的主要在于放松髋关节，促进关节的灵活性，所以无须像那两个练习那样严格要求骨盆和胸廓的稳定。要保持骨盆的相对稳定，就要把更多的注意力放在每个方向的运动上。尽可能流畅地做这个练习，从而迅速放松并润滑髋关节。

练习步骤

❶ 仰卧于垫上，双腿屈膝，保持脊柱中立位。

❷ 一侧腿髋向外旋转，让膝盖指向外侧。

❸ 接着沿着地板向前滑动出去，滑动到末端时转动腿回正伸直。

膝盖开合（Knee Fold）

❹ 收拢膝盖，带动腿部滑回原位。完成重复练习次数后交换方向：前脚掌着地，伸直膝盖向前滑出，然后将髋外旋，让膝盖指向外侧，接着收膝滑回原位。

重复：双侧腿各重复 4 ~ 8 次。

动作变化

辅助器材 1：可以把脚放在健身球上顺着球滑动，以使动作更加流畅。

辅助器材 2：将双腿放在泡沫轴上滑动。

第三章 普拉提的伸展和放松

077

◆ **屈身挥臂：放松肩臂**

在练习普拉提时通常把"屈身挥臂"作为热身动作，以唤起身体中潜在的能量练习。大幅度的屈身挥臂动作能够放松肩臂，活动肩膀、脊柱和下背部，激发身体中内在的能量。练习时应注意保持挥臂的力度以及动作的流畅性。

动作步骤

❶ 采取站姿，双脚分开至与髋同宽，脚尖向前。吸气时，双臂举过头顶，脊柱向上伸展。

❷ 呼气时，低头，背部向下弯曲，膝盖随之弯曲，双臂跟着身体一起快速甩动向下。膝盖深度弯曲，双臂随惯性挥至身体后侧。

吸气时抬起手臂，回到步骤1。
重复：4～6次。

注意事项

❶ 肩臂保持完全放松。
❷ 屈腿下蹲时保持脚尖和膝盖运动方向一致。

屈身挥臂（Arm Sweep）

◆ **休息放松式：舒适的全身放松**

这个姿势来源于瑜伽中的一个放松体式，所以也可以直接沿用瑜伽中的名字"孩童式"（Child Pose）。在普拉提中它也被称为"Shell Stretch"（放松骨架、放松躯干之意）。这个姿势对于全身都具有放松的功效，同时也能够拉伸下背部的肌肉。

练习步骤

采取跪姿，脚背落地，重心向后落在脚跟，前额着地，背部及腰椎区域完全放松。双臂和肩膀放松，将双臂平放在前侧。尽可能让整个身体放松，保持深长的呼吸。

休息放松式（Rest Position）

动作变化

将双臂向后放在身体两侧，使肩膀和背部更加放松。

第四章

特殊人群的普拉提训练方案

练习普拉提不仅能纠正姿态，克服一些脊柱问题，增强身体核心控制力，而且能帮助一些特殊人群减轻或改善慢性下背痛、腰椎间盘突出、脊柱侧弯等症状，还可以帮助产后恢复，塑形美体。

01 腰痛

腰痛或一般人所说的腰背痛，在现代社会可说是相当常见。下背痛实际上并不是一种疾病名称，而是医学诊断的常见症状。很多原因会造成下背痛的症状。在本章节中所讨论的主要是针对目前最为常见的非特异性下背痛。

◆ 为何会腰痛

在人类直立体位中，下腰部关节，尤其是腰骶关节，位于人体身长的中点部位，在重力传导方面占枢纽地位，在活动中承受的剪力及曲折力也最大，容易遭受外力作用的影响，比其他部位的关节更容易疲劳。

许多因素会导致下背痛。就现代人而言，工作、生活方式和错误的姿势是引起腰背部病变的主要原因。这会导致脊柱的骨和关节过早发生不可逆的退行性病变，引起肌肉紧张、痉挛，还会使韧带松弛或绷得过紧。这样，人们就会受到腰酸背痛的困扰。

◆ 慢性腰背痛之恶性循环

痛楚——肌肉活动减小——关节活动幅度受限——肌力下降——柔韧度下降——身体机能降低——痛楚。

◆ 阻断腰背痛的恶性循环

❶ 强化腰背部深层稳定性肌肉：腹横肌、多裂肌等。
❷ 改善姿态及肌肉募集次序。
❸ 根据需要配合药物或理疗，如牵引、中低频电疗、推拿等。

◆ 普拉提运动疗法理论依据

❶ 改善姿态，稳定脊柱，与降低脊柱压力密切相关。
❷ 腹横肌收缩协同身体胸腰筋膜收紧，加固下腰部，并为屈曲体位提供支持保护。
❸ 建立更安全的运动模式，限制过度伸展脊柱。

◆ 针对慢性腰背痛的普拉提训练实践要点

❶ 激活腹横肌，促进腹横肌与深层多裂肌之间的神经连接。
❷ 平衡肌肉张力，有针对性地进行肌肉整合训练。强化弱侧，同时伸展紧张的组织。

❸纠正姿态，改变动作功能模式，最终融入生活化的动作。

◆ 其他预防

❶改善工作体位和姿势，避免弯腰太久。
❷对于需要保持某个姿势的职业，从业人员应尽可能使腰部姿势符合生物力学原理，并时常更换体位。
❸增强脊柱关节的柔韧度，加强腰背肌群。
❹保持提举重物时的正确姿势，避免让腰部突然承受太大压力。
❺其他生活中体位姿势方面的注意事项。

◆ 普拉提具有针对性的练习

生活中的姿势训练

参见第一章第三节的练习。

普拉提动作

请参照随书赠送的视频文件开展练习，也可以参照本节精选的 10 个动作进行有针对性的练习。

1) 仰卧抱膝

很多人在清晨醒来，或久坐久站之后，会感觉腰部紧张，并且有酸胀感，这些疼痛和酸胀感虽然不是无法忍受，但让人饱受困扰。这些情况，既可能发生在职业运动员或从事体力劳动的工人身上，也可能发生在平日不太运动的久坐人群身上。前者，是因为运动过度或身体姿态、运动模式的不当而产生腰部肌肉的慢性疲劳，而后者则是因为长时间的静态和轻体力生活方式导致腰部稳定性肌肉的废用性退化。

仰卧抱膝（Knee to Chest）

无论是对家庭主妇、退休老人，还是对办公一族，或者对职业运动员，这都是一个非常好的放松下背部的动作。由于它具有较好的安全性，动作简单，所以适合练习此动作的人群非常广泛。

动作步骤

❶仰卧，双膝弯曲，双手抱住膝盖，或在膝盖后侧手指相扣，将膝盖拉向胸口。
❷也可以加入轻轻的左右摇晃，按摩背部脊柱以及两侧的肌肉和神经。
❸均匀深长地呼吸，保持放松。
❹维持 20～30 秒，或者更长的时间。

2）腘绳肌伸展 1

腘绳肌位于大腿后侧。它分成股二头肌、半膜肌和半腱肌三个部分，上连着骨盆的坐骨结节，下跨过膝关节分别止于小腿的胫骨和腓骨后侧。

腘绳肌收缩的主要功能是弯曲膝关节；另外，它也可以协助髋关节向后伸展。因为现代人从进入幼儿园接受教育开始，一直到小学、初中、高中、大学，乃至工作中，除了躺下休息外，往往身体保持最多的体位就是让膝关节屈曲的坐姿。

所以，多数人的腘绳肌会随着年龄的增长呈现紧张短缩的趋势。由于腘绳肌在上端连着骨盆下方的坐骨结节，因此长此以往可能会造成姿态的失衡，从而引起下腰痛等问题。如果有需要，则可以根据自身情况适当增加腘绳肌伸展的频率和持续时间。

动作步骤

❶ 仰卧，双腿屈膝，抬起一侧腿部，用双手抱住膝盖窝后侧，以固定大腿，然后尽量向上伸展。
❷ 在最顶端稍稍屈曲脚踝，做勾脚动作，以帮助进行更充分的伸展。
❸ 注意要把髋部固定住，不要让臀部抬起。

辅助练习

用普拉提伸展带来辅助，在足弓处绕过伸展带，以双手拉住。

目标 伸展大腿后侧腘绳肌。
重复次数：两侧腿各伸展 1~2 次。
伸展方法：动态伸展，或静态伸展，保持 15~20 秒。

注意事项

❶ 伸展到自己感觉到最大的程度即可。
❷ 在伸展时，一定要将骨盆位置固定。
❸ 肩膀和颈部要保持放松，脊柱保持中立位。
❹ 在伸展停留时，尽量加深并放慢呼吸。

3）骨盆卷动

脊柱由 26 块骨头以及众多关节构成，它既是我们身体的刚性支撑结构，又能够在三个维度上实现屈伸、侧屈和回旋的动作。慢性下背痛的问题根源之一，是各个脊柱关节和相关肌肉在运动中没有各司其职，从而导致工作和生活动作中长期出现脊柱关节周围代偿性的肌肉用力，从而引发慢性疼痛。

"骨盆卷动"是徒手功能训练的系列经典动作，对于下腰部有问题的人士，这是一个非常好的脊柱保养的动作，通过启动"脊柱的逐节运动"，不但能够有效改善脊柱的僵硬，提高脊柱的灵活性和力量，还可以避免在日常生活中错误的运动模式导致的进一步损伤积累，预防和缓解腰痛或防止治疗处理后的复发。

益处：强化背伸肌肉、臀部肌肉和大腿后侧腘绳肌；提高脊柱灵活性和力量，有效改善脊柱的僵硬，增强核心的控制力。

动作步骤

❶ 仰卧，弯曲膝盖 90°，双腿分开至与臀部同宽，双脚平放于地面，脚掌放松。双手置于身体两侧。保持脊柱自然中立位。

❷ 吸气，保持身体不动；呼气，收缩腹部，将肚脐拉向脊柱，引领骨盆做出后倾动作，抬高耻骨。

❸ 继续呼气，同时向上逐节卷动脊柱，直至身体从膝盖到肩膀成一条直线。

❹ 吸气，保持身体不动；呼气，放松胸骨和肋骨，慢慢地反方向逐节返回至起始动作。

重复：4~8 次。

膝盖间距一致
腹部启动
逐节脊柱滑动
脖颈舒展
沉肩

> **动作变化**

❶ 难度升级：抬起双手，与身体成90°，肘和肩部放松，完成动作练习。

❷ 辅助器材1：身体躺在泡沫轴上，完成动作练习。

❸ 辅助器材2：双脚踩在普拉提健身球上，完成动作练习。

❹ 辅助器材3：双腿膝盖之间夹一个魔力圈或普拉提小球，以协助身体核心向内收缩。

❺ 辅助器材4：双手握住魔力圈向内稳定施压，抬起双手保持不动。

❻ 辅助器材5：躺在泡沫轴上，同时脚踩在泡沫轴上，闭眼进行练习。

若能熟练地按要求完成动作练习，以上变化可以相互结合，迅速使动作难度升级，以挑战身体核心稳定性。

想象技巧

❶ 在动作启动时，想象有一股能量从核心启动，将腹部往内拉，继而抬高耻骨，并沿逐节脊柱向上波浪式蔓延，把身体推起来。

❷ 在抬高身体时，想象你的膝盖前侧装有两个汽车头灯，两束光射到对面的墙壁上，然后膝盖向前拉，两束光由斜射而慢慢变直。

❸ 在下放还原时，先设想你的胸骨慢慢地融化下落，接着逐渐向下蔓延，直至落回到原位。

注意事项

❶ 双脚平均用力受重，膝盖与脚尖方向一致。在卷起脊柱抬高臀部时膝盖容易向外打开。

❷ 逐节卷动脊柱，避免身体一整片地抬起和下放。

> **小贴士** 对此动作不太熟悉的练习者，我们建议先在仰卧位做几次"骨盆后倾"（Pelvic Tilt）练习找到身体正确的感觉。

4) 尾巴画圈

稳定和灵活，永远是一对看似矛盾却又和谐的统一体。骨盆位于身体中心，上通过腰骶关节联结腰椎脊柱，下通过髋关节联结下肢，在身体力学上骨盆需要完成承上启下的支撑工作。只有骨盆具备了一定灵活度，才可以在我们做弯腰、转身等日常动作的时候，最大限度地协调各个关节的动作，避免不恰当的关节和肌肉负担，预防腰痛发生或减小腰痛治疗后的复发概率。

骨盆的灵活性，也为实现和增强其"动态稳定"的工作能力打下了前提基础。此动作的益处是放松腰骶部位，增加在肩带和脊柱稳定前提下的骨盆的灵活性。

尾巴画圈（Hip Circle）

动作步骤

❶ 采取"四足支撑"姿势。想象脊柱末端有一条尾巴，保持肩和躯干稳定。

❷ 转动髋部，想象用尾巴在后面墙上画圈，松动每一节脊柱。

5）行军踏步

平日生活中只要你细心留意，就会发现有些人走路步态很稳，而有些人的平衡能力却很差，我们往往由此可以从一个背影判断出前面走路的是哪个熟人。腰盆的"动态稳定"能力不但影响到我们的步态，还会因为不恰当的增加肌肉负担而导致慢性腰痛。

运动中，腰盆的稳定需要集中注意力协调骨盆和脊柱各部分之间的肌肉，这在每一个普拉提动作和功能性的练习中都扮演很重要的角色。"Marching"（行军踏步）也称"Knees Folds"（意为膝盖折起），或直接称其为"Single Leg Lift"（意为单腿抬起），而其实它的关键不在于抬腿，而在于在抬腿中需要时刻保持核心收缩，维持腰盆的稳定。

益处：收紧腰腹核心，强化腰盆区域的稳定性和神经肌肉的协调控制能力。

动作步骤

❶ 仰卧，屈膝90°，双足着地。感到背部和骨盆的后侧与地面的接触是均匀受力的。

❷ 吸气时，将一只腿抬起离开地面，直至大腿与地面垂直，膝盖角度仍旧不变。

❸ 呼气，腿慢慢下放回原位。然后交换另一侧腿。

重复：两侧各重复 6~10 次。

想象技巧

❶ 想象你的膝关节上有一只氢气球，慢慢把你的腿浮起。

❷ 动作不要太快，想象腿从水里慢慢拉起来，然后慢慢地放回去，感受水的阻滞力。

❸ 想象有一碗热汤在你的腹部上，当腿动的时候，不要让它溅出来。

注意事项

❶ 匀速交替抬腿，在练习时必须始终保持骨盆稳定，不能有前倾或后倾，或左右的歪斜借力。

❷ 呼吸配合，保持节奏。

动作变化

❶ 难度升级1：交替抬腿——采用左右腿上上、下下的抬腿节奏练习。即吸气抬起左腿，呼气抬起右腿；吸气下放左腿，呼气下放右腿。

❷ 难度升级2：同步交替——采用左右腿同一时间上下交替的方法练习。

❸ 难度升级3：模仿行走的功能性练习——加入对侧手臂的同步抬高，促进协调性发展。

❹ 辅助器材：躺在泡沫轴上练习，身体保持稳定。

❺ 辅助器材：双脚踩在泡沫轴上练习，每次脚尽量踏回到原位。

❻ 辅助器材：双手握住魔力圈向内施压，保持双臂抬高进行练习。

6）俯身单腿上提

许多人一旦腰痛，就总是在腰部找根源，在处理腰部的问题时，各种方法轮番上阵，各种倒腾，恨不能马上消除症状解决问题。殊不知，现在很多人腰痛的根本原因是臀部这个"兄弟"不干活偷懒了。这个简单的腿上提动作就能激活臀部，从而消除腰部不适。

这个看起来简简单单的动作，却让很多人"一看就会，一做就错"。"俯身单腿上提"要求在提腿时骨盆保持完全稳定，髋部前侧始终保持在地面上。切勿为了追求提腿的高度而倾斜髋部。

目的

强化背部脊柱稳定肌群，促进骨盆区域动态稳定的控制能力，培养伸髋动作正确的募集次序，增强臀肌和大腿后侧腘绳肌。

动作步骤

❶俯卧，把头枕在手背之上，双腿分开和髋部同宽。

❷呼气时，预先收紧腰腹部和臀部，在保持髋部稳定的前提下将一侧腿向上抬离地面。

❸吸气时，有控制地向地面放低。

重复：每侧完成5~8次，然后交换另一侧抬腿。

动作变化

❶难度升级1：变化呼吸节奏，吸气时抬腿，呼气时下放。

❷难度升级2：在抬高腿部后，加入水平方向的外展。

想象技巧

❶想象腿部是先往后延伸，然后再抬高。

❷想象腿在一个垂直的（或水平的）的轨道里滑动。

注意事项

❶抬起腿部时，骨盆稳定，不要将腿部抬得过高而引致挤压腰椎。

❷沉肩，两肩始终保持放松。

❸收缩核心，先启动臀肌带领动作而不是大腿后侧的腘绳肌。

❹膝盖不要过度弯曲，而是向后延长腿部的感觉。

❺如果下背部受伤，降低抬起的高度或者略过此动作。

7）天鹅宝宝

人体脊柱从功能结构来说分成颈椎、胸椎、腰椎、骶骨和尾骨，其中骶骨下已经落入了骨盆架构之中。这几个兄弟既各司其职各有责任，又相互有干扰和影响。一旦一个节段出现运动障碍，往往其相邻节段就需要加倍工作来进行代偿，相关关节和肌肉的负担增加，就往往给疼痛埋下了伏笔。

背伸练习是针对背部的一个非常好的反向平衡动作，规律练习，必会收到神奇的练习效果。"天鹅宝宝"是普拉提背伸动作的基础练习，也被视为另一个背伸练习"蛙泳式"的预备动作，所以它也称为"Breaststroke Prep"（蛙泳的预备练习）。

益处：强化背伸肌肉，改善脊柱各个节段的伸展能力，预防和减小腰痛。

动作步骤

❶ 俯卧，双手置于肩膀两侧，肘关节往外，将前臂呈"八"字分开，两腿分开与髋同宽。

❷ 吸气，伸长颈椎和脊骨，肩膀继续下沉，收缩腹部，同时集中后背部的力量抬起上半身伸展背部，头部和颈部保持在一条弧线上。

脖颈舒展延伸
脊柱向前自然延伸
双腿保持贴于地面
目光向下
骨盆稳定　收腹　肘关节打开
肩膀放松下沉

❸ 呼气，收缩腹部，身体继续向远端延伸，同时有控制地将躯干放低回到垫上。
重复：4～8次。

动作变化

❶改变呼吸和动作节奏：吸气时，保持身体静止；呼气时抬起上身；再吸气，在顶端停留；呼气，慢慢下放。

❷难度升级1：打开肘关节角度，使肘关节屈曲约成90°。

❸难度升级2：将肘关节靠拢身体，在身体抬高和下放时分别加入肩胛下压回拉和上提前耸。

❹难度升级3：将两手向后贴于两大腿外侧。

❺难度升级4：在身体抬起时或抬起后，将两臂抬高。

❻辅助器材：双腿之间夹住普拉提小球，向内均匀施压，以增强核心向内收缩的本体感受。

想象技巧

❶忘掉双手的支撑（尽管双手掌会微微下压），从核心躯干开始抬起身体、伸展背部而不是从手臂开始。

❷每一次抬高尽可能设想自己的脊柱延长，启动动作时想象你是一只海龟，把头向前延伸。

❸想象俯卧在沙滩上，每一次下放，都尽力让自己鼻子留下的印记向前延伸多一点。

❹髋部和两腿紧紧贴着垫子，想象大腿和骨盆被牢牢粘在地板上。

注意事项

❶不要追求抬起的高度，避免从腰部折叠身体。

❷练习中始终由深层核心向内收缩提供稳定，臀肌不需过分收紧。

❸要注意在抬起上身时，尽量避免用双臂来作为主要支撑点。

❹腰背痛者更需收紧腹部核心，并减小下背部的伸展幅度，仍感不适则略过此练习。

❺当身体抬高时，若感觉耻骨压痛，则应加厚训练垫或使用专业普拉提垫。

❻椎管狭窄者谨慎练习或略过此练习。

8）猫背伸展

对于排除掉器质性病变的腰痛者，或者腰痛还不是很严重但偶尔感觉不适者，尤其是需要经常保持久坐体位伏案或从事电脑工作的人，这是一个非常好的脊柱保养的练习动作。除了能够增加脊柱关节灵活性外，这个练习还可以强化前锯肌和肩带稳定肌群。在练习时要注意想象你的脊柱像猫或蛇一样柔软，试着每次逐节移动脊柱。

动作步骤

❶ 四足支撑，手臂保持伸直，并和大腿一同都垂直于地面，身体处于自然中立位。

❷ 吸气，身体保持不动，肋骨向两侧方向打开。呼气时，收缩腹部，尾骨往内卷，逐节带动脊柱，肩胛向两侧慢慢滑动，直到把上身的脊柱推向天花板，拱起背部，让身体形成一个开口向下的"C"形。

❸ 吸气时，从尾骨打开开始启动，如波浪般逐节反向推动脊柱。两侧肩胛骨滑动，向中心靠近。让胸骨往地板下垂，抬头，将胸骨稍稍向前拉长，脊柱向上呈反向伸展。

猫背伸展（Cat Stretch）

目标 伸展背部，打开胸廓和肩膀，使脊柱各关节活动。

重复次数：两个方向各伸展 2～4 次。
伸展方法：动态伸展，或静态伸展，保持 10～20 秒。

注意事项

❶ 不要锁住肘关节。若肘关节有超伸现象，则可将双臂微微内旋，以减小对关节的压力。

❷ 不要与瑜伽的"猫伸展"练习相互混淆。在做第❸步向上伸展背部时，要保持均匀的、自然的屈度，以避免过度后仰头部，以及用塌腰换取背伸展的幅度。

9）平板支撑

"平板支撑"是徒手训练里面人们最熟悉的训练动作之一，这个看起来非常容易的动作，实际上非常容易做错。此动作正确练习能够强化身体深层的腰腹部核心，让你强烈感受到身体核心在稳定躯干中的作用，减小腰椎的承受压力，并促进肩关节的稳定性，预防、缓解以及防止腰痛的复发。因此对于腰背痛者是一个非常好的功能训练动作。建议初学者坚持的时间可以由短到长逐渐增加。

目的

通过脊柱和骨盆中立位的维持，强化身体核心肌群；促进身体中轴的核心控制能力，培养正确的骨骼排列和肩带的稳定意识。

动作步骤

❶俯卧，用脚趾支撑地面，90°弯曲肘关节，保持肘关节在肩膀的正下方。

❷收紧腹部，抬高身体，直至头部、身体和双腿成一直线，保持脊柱中立位。

维持正常呼吸，保持30秒以上，或尽可能长的时间。

重复：1~2组。

动作变化

❶难度调整1：双膝着地，用膝盖来支撑。

❷难度调整2：用手掌支撑地面。

❸难度升级：控制身体不动，抬起一侧腿，注意骨盆不要倾斜或扭转。

❹辅助器材：肘关节或手掌支撑在BOSU球上。

想象技巧

想象背部上面放着一块厚木板，保持你的后脑勺、背部最高点和骶骨始终接触木板。

注意事项

❶脸部放松，不要闭气。

❷沉肩，肩带必须保持稳定的支撑。

❸脊柱和骨盆保持中立位，不要把臀部抬高或者塌腰。

10）髋屈肌伸展

除了睡觉以外，学习、工作、伏案、电脑操作、开车……坐姿是现代人保持时间最长的体态姿势了。作为"直立动物"，我们直立的时间却越来越短。

在保持坐姿的时候，髋关节必须处于屈曲的位置放松。于是，长期长时间的坐姿体位，使得我们的髋关节屈曲的肌群始终处在缩短后的"闲置状态"。髋关节屈曲肌群由此变得越来越短缩无力，肌肉的延展性也会相应下降，长此以往就会导致骨盆的力学结构遭受破坏，腰椎的负担增加，姿态长期处于失衡状态，慢慢产生腰疼。

动作步骤
❶ 采取跪姿，一侧腿向前跨上一大步，呈弓箭步姿势，前侧小腿垂直地面，双手在前脚掌两侧撑地支持。调整两腿间距，让两腿尽可能拉开距离。
❷ 双手扶住前侧膝盖上方，慢慢抬起身体，目视前方，背部挺直，脊柱向上延伸，体会髋部前侧的伸展。

目标 伸展髋屈肌。
重复次数：两侧各伸展 1～2 次。
伸展方法：静态伸展，保持 20～30 秒。

注意事项
❶ 保持脊柱中立位，不要塌腰。
❷ 收腹，骨盆可稍稍后倾，感觉身体从髋部向上拔高。
❸ 前侧膝盖在伸展时不要超越脚尖。

02 腰椎间盘突出症

椎间盘连接脊柱上下两椎体，具有一定的缓冲作用，并使椎体间有一定活动度，同时也有助于维持脊柱的自然生理曲度。腰椎间盘突出症（Herniation of Lumbar Disc，HLD）是因腰椎间盘变性，纤维环破裂，髓核突出，刺激或压迫神经根、马尾神经而表现出来的一种综合征，也是导致下腰痛的主要原因之一。由于人体腰曲的部位是生理承重负担最大的一个位置，而其活动度同时又较大，因此腰椎间盘突出症以腰椎第四至五节，以及腰椎第五节到骶骨第一节突出最为多见，约占95%。

腰椎间盘突出症按其严重程度由轻到重分为3型：椎间盘膨隆（膨出）、椎间盘突出和椎间盘游离（脱出）。

◆ 腰椎间盘突出症的病因

（1）椎间盘退行性改变是本病发生的最基本的原因：无蜕变的椎间盘可承受6 865kPa压力，而已退变的椎间盘仅需294kPa压力即可破裂。随着年龄增长，纤维环和髓核含水量、透明质酸及角化硫酸盐逐渐减小，髓核张力下降，失去弹性，椎间盘松弛、变薄。

（2）损伤：慢性劳损既是加速椎间盘变性的主要原因，也是椎间盘突出的诱因。一次性暴力多引起椎骨骨折，而反复弯腰、扭腰，以及不恰当的腰部用力则易导致椎间盘损伤。

（3）局部环境改变：妊娠妇女因盆腔、下腰部充血，结构相对松弛，腰骶部承受了较大的重力，而易出现椎间盘损伤。

◆ 康复及医疗手段

❶ 卧床休息及限制活动。
❷ 药物。
❸ 骨盆牵引。
❹ 推拿。
❺ 热疗和冷疗。
❻ 矫形器和辅助器具。
❼ 封闭。
❽ 髓核化学溶解。
❾ 手术。
❿ 运动治疗。

◆ 普拉提运动治疗

当度过急性期，或随着病情的好转，可积极介入有针对性的普拉提练习。训练量和运动强度应由小到大，以适当的腹、背肌等长收缩为主。

◆ 训练目标

增强腰背肌群，稳定腰椎周围的肌肉群，减缓椎间盘的压力，改善腰椎功能。腰腹部及身体中轴深层肌肉有对抗重力、维持脊柱直立姿势的作用。目标强化肌肉主要是躯干伸肌和稳定肌群的训练，以及强化腰椎功能性训练。训练方式以等长收缩为主。

◆ **注意事项及运动禁忌**

① 请听从医嘱,在症状急性期间避免训练。
② 对于椎间盘后凸的患者,应避免腰椎抗阻力屈曲,尤其应避免大幅度的脊柱负重训练动作。
③ 避免腰椎屈曲加扭转,以免引起应力分布不均而使症状加重。

◆ **普拉提针对性练习**

生活中的姿势训练

参见第一章第三节的练习。

普拉提动作

请参照随书赠送的视频文件开展练习,也可以参照本节精选的 10 个动作进行有针对性的练习。

1) 提腰伸展

提腰伸展,通过运用上肢和躯干的自身肌肉延展来减小腰部椎间盘的压力,这是随时随地都可以做的动作。腰椎间盘突出的老病号肯定都很熟悉,去重力下的平卧位牵引治疗,是医院处理腰椎间盘突出急性发作的最常用手段,用这个练习来锻炼腰部就是相同的原理。

动作步骤

① 仰卧,就像伸大懒腰一样,将双臂伸过头顶,带动躯干尽力向后伸展。
② 同时双腿伸直,尽力向反方向伸展。也可以设想有两股力量把你拉向相反的方向。

这个练习可以很好地伸展全身的肌肉和关节。如果感觉双手伸展不够充分,则可以将两手的大拇指相互扣起来,以便带动躯干进行更大程度的伸展。

动作变化

采取站姿或坐姿,双手手指相扣,让双臂伸过头顶,带动躯干尽力向上伸展。

目标 伸展躯干和四肢,打开胸廓和肩膀。

重复次数：伸展 2 次。

伸展方法：静态伸展，保持 10 ~ 20 秒。

2）横向呼吸法

我们的脊柱由 26 块骨头构成，椎间盘填充在脊柱的相邻椎体之间，起到减震和缓冲重力的重要作用。每一个脊柱的椎体和椎间盘犹如是叠罗汉一样上下堆叠，越到下面重力越大，椎体和椎间盘受到的压力也就越大。

所以，我们知道，椎间盘突出最容易发生的部位就是最下面的第五腰椎和骶骨之间，以及第四腰椎和第五腰椎之间。

经过亿万年进化的高智能的人体，肯定不会在"一棵树上吊死"。除了椎体和椎间盘来承受身体的重力，还有第二道屏障——腰腹部核心收缩时候产生的腹压。

"横向呼吸法"也称"肋间呼吸法"，它能够协助我们核心的向内收缩，是普拉提练习中较为常用的、经典的呼吸方法。一般我们在开始正式练习前，经常会先调整呼吸方式进入横向呼吸模式。

初学者，尤其对于腹部较为松弛的人士，可以随时随地单独地进行此项呼吸练习，对你收紧腰腹部会有意想不到的效果。

动作步骤

❶ 站姿、坐姿或仰卧，双手放在胸腔两侧肋骨旁。

❷ 吸气时，胸腔扩张，肋骨向两侧横向打开，腹部不要向外鼓起，肩部保持下沉放松。

❸ 呼气时，肋骨放松还原靠拢。（上图）

❹ 一侧手放在胸廓上方，另一侧手放在腹部。（下图）

❺ 吸气时肋骨张开，感觉到胸廓的扩张。

❻ 呼气时，两侧肋骨放松，感觉肋骨向中间收拢下滑，然后下侧手去感受腹部控制微微向内收缩。

3）四足游泳

如果把脊柱当作一盆树的树干，那么下方的栽树的盆就一定是这个骨盆了。当人体运动的时候，犹如狂风催树，受力最大的地方无疑就是其交界处了，我们把它叫作"腰盆区域"，腰椎间盘突出就最容易发生在这个部位。稳定腰盆能够降低椎间盘在运动中的多余负载。

"四足游泳"需要身体专注于凝聚核心力量，有效地协调神经和深层肌肉，来控制在各步骤转换过程中腰盆的动态平衡。练习者必须保持脊柱的中立位，在伸展四肢的过程中关键是脊柱和腰盆处稳定不动，始终保持动作中的控制。

益处： 此项练习能够培养腰骶稳定的力量和意识，并增强骨盆的动态稳定性。

动作步骤

❶ 四足支撑，手臂和双腿垂直于地面，保持脊柱处于自然中立位。

❷ 吸气，将左腿向后延伸，然后抬高到髋部的高度，不要改变后背的姿势。同时抬起右手向前延伸，不要改变肩的姿势。

❸ 呼气，收缩腹部，将左腿和右手同时收回。

重复练习，交换对侧的手臂和腿部向两侧伸展。

重复： 每侧各 4～8 次。

（标注：沉肩、腹部收紧、腰盆稳定、脊柱中立位、肩颈舒展）

想象技巧

❶ 想象手臂和对侧的脚向两个方向延伸对拉。

❷ 想象你的腰骶上方有一杯热茶，在抬起手臂和延伸抬高腿部的时候不要让它倒翻。

注意事项

❶ 练习时肩膀和臀部避免左右摇摆重心。

❷ 稳定核心，专注于把手和脚向两侧延伸而不是抬高。

动作变化

❶ 改变呼吸节奏：更有助于核心稳定的呼吸配合——呼气时延伸手臂和对侧腿部；吸气时，收回对角的手臂和腿部。

❷ 难度调整1：保持腰盆稳定，手臂不动，只做腿部的伸展动作。

❸ 难度调整2：保持腰盆稳定，腿部不动，只做手臂的伸展动作。

❹ 辅助器材：把泡沫轴放在脊柱上方，不要影响泡沫轴的位置，完成动作。

4）腹肌伸展1

我们如果细心留意一下坐在椅子上的人，用不了多久很多人就会不由自主地把臀部慢慢往前移动，身体开始微微蜷起来。在这个让你感觉貌似更省力轻松的坐姿脊柱屈曲体位下，腰部椎间盘的压力向后转移，而坐姿体位下放松的腰腹部核心肌群也更让椎间盘承受的压力陡增。

我们不仅需要改变姿态习惯，还需要改变腹肌松弛短缩的现状，除了腹肌强化训练，适当拉伸腹肌也很有必要。

动作步骤

俯卧，肘关节弯曲，以双手前臂支撑，使大臂与地面保持垂直，抬高头和上半身。腹部往内收缩。

5）天鹅宝宝

伏案学习、打牌、电脑操作、驾驶……现代人长期久坐的工作、生活方式极易造成弓背及胸腰椎前屈体位。椎间盘外周是坚硬的纤维环，而内部是含水量极高的髓核。当身体体位改变时，椎间盘受压，内部的髓核会向身体弯曲的对侧方向对纤维环产生更大的挤压力。因而，长期保持久坐体位的现代人，腰椎间盘遭受非常巨大的向后侧方突出的倾向力。椎间盘正后方是脊髓，而受到其正后方的后纵韧带的阻挡，加上侧身或旋转体位的影响，椎间盘突出就对后侧方的神经根硬膜囊形成压迫而引起一系列症状。

背伸练习对此是一个非常好的反向平衡动作，规律练习，必会收到神奇的练习效果。"天鹅宝宝"是普拉提背伸动作的基础练习，也被视为另一个背伸练习"蛙泳式"的预备动作，所以它也称为"Breaststroke Prep"（蛙泳的预备练习）。

益处：强化背伸肌肉，提高脊柱的伸展能力，并有助于缓解和改善椎间盘突出问题。

动作步骤

❶ 俯卧，双手置于肩膀两侧，肘关节往外，将前臂呈"八"字分开，两腿分开与髋同宽。

❷ 吸气，伸长颈椎和脊骨，肩膀继续下沉，收缩腹部，同时集中后背部的力量抬起上半身伸展背部，头部和颈部保持在一条弧线上。

标注：脖颈舒展延伸、脊柱向前自然延伸、双腿保持贴于地面、目光向下、骨盆稳定、收腹、肘关节打开、肩膀放松下沉

❸ 呼气，收缩腹部，身体继续向远端延伸，同时有控制地将躯干放低回到垫上。
重复：4~8次。

动作变化

❶改变呼吸和动作节奏：吸气时，保持身体静止；呼气时抬起上身；再吸气，在顶端停留；呼气，慢慢下放。

❷难度升级1：打开肘关节角度，使肘关节屈曲约成90°。

❸难度升级2：将肘关节靠拢身体，在身体抬高和下放时分别加入肩胛下压回拉和上提前耸。

❹难度升级3：将两手向后贴于两大腿外侧。

❺难度升级4：在身体抬起时或抬起后，将两臂抬高。

❻辅助器材：双腿之间夹住普拉提小球，向内均匀施压，以增强核心向内收缩的本体感受。

想象技巧

❶忘掉双手的支撑（尽管双手掌会微微下压），从核心躯干开始抬起身体、伸展背部而不是从手臂开始。

❷每一次抬高尽可能设想自己的脊柱延长，启动动作时想象你是一只海龟，把头向前延伸。

❸想象俯卧在沙滩上，每一次下放，都尽力让自己鼻子留下的印记向前延伸多一点。

❹髋部和两腿紧紧贴着垫子，想象大腿和骨盆被牢牢粘在地板上。

注意事项

❶不要追求抬起的高度，避免从腰部折叠身体。

❷练习中始终由深层核心向内收缩提供稳定，臀肌不需过分收紧。

❸要注意在抬起上身时，尽量避免用双臂来作为主要支撑点。

❹腰背痛者更需收紧腹部核心，并减小下背部的伸展幅度，仍感不适，则略过此练习。

❺当身体抬高时，若感觉耻骨压痛，则应加厚训练垫或使用专业普拉提垫。

❻椎管狭窄者谨慎练习或略过此练习。

6）俯身单腿上提

骨盆位于身体中心，在站姿，走路、跑步等移动身体的时候需要承上启下完成力的传递。臀部肌群的启动对于骨盆的动态稳定，减小椎间盘的压力有着非常关键的意义。"俯身单腿上提"要求在提腿时骨盆保持完全稳定，髋部前侧始终保持在地面上。切勿为了追求提腿的高度而倾斜髋部。

目的

强化背部脊柱稳定肌群，促进骨盆区域动态稳定的控制能力，培养伸髋动作正确的募集次序，增强臀肌和大腿后侧腘绳肌。

动作步骤

❶俯卧，把头枕在手背之上，双腿分开和髋部同宽。

❷呼气时，预先收紧腰腹部和臀部，在保持髋部稳定的前提下将一侧腿向上抬离地面。

❸吸气时，有控制地向地面放低。

重复：每侧完成 5～8 次，然后交换另一侧抬腿。

动作变化

❶难度升级 1：变化呼吸节奏，吸气时抬腿，呼气时下放。

❷难度升级 2：在抬高腿部后，加入水平方向的外展。

想象技巧

❶想象腿部是先往后延伸，然后再抬高。

❷想象腿在一个垂直的（或水平的）轨道里滑动。

注意事项

❶抬起腿部时，骨盆稳定，不要将腿部抬得过高而引致挤压腰椎。

❷沉肩，两肩始终保持放松。

❸收缩核心，先启动臀肌带领动作而不是大腿后侧的腘绳肌。

❹膝盖不要过度弯曲，而是向后延长腿部的感觉。

❺如果下背部受伤，降低抬起的高度或者略过此动作。

7) 俯身提臀

紧实饱满的臀部，不仅在视觉上让人赏心悦目，对于腰椎间盘突出患者来说，臀肌好一分，腰盆在站姿、走路、跑步等移动身体的时候稳定性就更强，腰椎间盘压力也就少一分。"俯身提臀"的动作幅度不大，不过提臀的感觉却十分强烈。在练习时要求骨盆保持稳定，注意呼吸的配合以及控制提臀动作的节奏，动作还原时不要太快下落。

益处：收紧和提升臀部，美化臀围线；强化髋伸肌群的力量，改善骨盆前倾等不良姿态造成的下背痛。

动作步骤

❶ 俯卧，把前额枕在双手手背之上，双腿弯曲膝盖，让小腿约和地面垂直，让两脚内侧相互抵在一起，膝盖往外打开。

❷ 呼气时，收紧腰腹部和臀部，将膝盖抬离地面。

- 双腿膝盖分开向外指
- 脚内侧相抵
- 颈部拉长延伸
- 臀部收紧
- 避免塌腰
- 沉肩
- 腹部收紧
- 肘关节放松打开
- 前额放在手背上

❸ 吸气时，有控制地向地面放低。

重复：8~10次。

动作变化

❶ 动作升级：增大膝盖屈曲的角度，角度越大难度就越增加。

❷ 辅助器材1：在双腿膝盖后侧夹住健身球进行练习。

❸ 辅助器材2：在双腿之间夹住魔力圈，向内保持均匀施压。

想象技巧

抬升膝盖时，想象腰部延长，同时挤压臀部和大腿后侧。

注意事项

❶ 抬起膝盖时，不要塌腰从而挤压腰椎。
❷ 沉肩，两肩始终保持放松。
❸ 下背部受伤者，减小抬起的高度或者略过此动作。
❹ 椎管狭窄者谨慎练习或略过此练习。

8）左右摆尾

对于腰椎间盘突出患者来说，四足支撑的这个练习体位可以在椎间盘完全去除重力的前提之下进行各项动作的练习。"左右摆尾"的练习目的是在椎间盘没有受压的前提下放松腰骶部位和髋关节，同时增加骨盆和脊柱的灵活度。

动作步骤

❶ 采取"四足支撑"着地姿势，屈膝抬起一侧的脚。

❷ 接着脊柱向侧面左右屈曲。想象脚就是你的尾巴，看着它从一边转到另一边。

9）蛙泳式

背部深层肌群起到非常关键的稳定脊柱的作用，"蛙泳式"将挑战你在身体背伸时的核心稳定性，除了加强我们身体后背及下腰部的力量，还有助伸展脊柱打开肩膀。在练习中双腿和骨盆要保持固定，一定要注意收紧腹部，避免塌腰挤压腰椎。

益处：伸展脊柱，稳定肩胛动态运动轨迹，强化背部伸展肌肉，预防下背痛，有助于预防、缓解和改善椎间盘突出问题。

动作步骤

❶ 俯卧，双手屈肘放在肩的两旁。

❷ 呼气，同时手臂向前延伸，但避免耸肩。

❸ 吸气，打开两手，手心向后，如同蛙泳中的推水一样，同时抬高头和肩膀，体会脊柱中轴延长。

- 避免向后仰头
- 脊柱向前延伸
- 不要塌腰
- 沉肩
- 收腹，肚脐拉向脊柱

❹先弯曲收拢肘关节，呼气时，手臂再次向前延伸，头部和身体向前延长放低，但不要完全落到地板上。

重复步骤❸和步骤❹，结束后，回到俯卧位。
重复：4～8次。

动作变化

❶难度调整：如果肩膀感觉紧张或下背部感觉压力较大，手臂延伸时可以不用伸直。

❷难度升级1：在整个练习过程中，上身始终抬起，保持高度不变。

❸难度升级2：双腿保持抬起，进行练习。

想象技巧
❶想象你的髋部和大腿已经被强力胶粘在地板上了一样，保持稳定。
❷想象你在游泳，手臂向后推水，身体尽力抬高，好像要将头露出水面换气，但避免仰头。

注意事项
❶保持脊柱自然延伸，尾骨内收，避免以塌腰来换取脊柱的伸展。
❷如果颈椎或肩膀感觉疼痛或不适，可使用动作变化❶来进行练习。
❸椎管狭窄者或下背部受伤者谨慎练习或略过此练习。

10) 直背起桥

对于躯干来说，因为作为身体承重支柱的脊柱位于身体后方，所以我们身体的重心并非在正中间，而是偏向前侧。因此我们会看到，一旦身体放松或者疲劳沮丧，我们的体态往往就是呈弓背的姿态，而这样的体态就会导致椎间盘的压力陡增。

身体后方臀部和腰背部肌肉链的功能对于维持骨盆和脊柱的稳定、保持良好的体态有非常重要的作用。健康的脊柱既需要一定的灵活性，又需要有一定的力量来维持躯干稳定。本练习和"骨盆卷动"（Pelvic Curl）看起来很类似，但是要求整个过程中收缩身体伸展链肌群来直背抬髋。

益处：增加脊柱的稳定性，强化腰背部竖棘肌、臀肌和腘绳肌。

动作步骤

❶ 手臂放在身体两侧，保持脊柱的中立位。

❷ 呼气，保持脊柱挺直往上提起，使后背离开垫子。

❸ 吸气，慢慢有控制地下放。

重复：8~10次。

动作变化

❶ 难度升级1：将一侧小腿抬起横放在另一侧大腿上方，完成抬起练习。

❷ 难度升级2：抬起双手，与身体成90°，肘和肩部放松，完成动作练习。

❸ 辅助器材1：身体躺在泡沫轴上，完成动作练习。

❹ 辅助器材2：双脚踩在普拉提健身球上，完成动作练习。

❺ 辅助器材3：双腿膝盖之间夹一个魔力圈或普拉提小球，以协助身体核心向内收缩。

❻ 辅助器材4：双手握住魔力圈向内稳定施压，抬起双手保持不动。

❼ 辅助器材5：双手交叉放于胸前，在肩膀和上背部区域加入平衡垫。

❽ 辅助器材6：若能熟练按要求完成动作练习，以上变化可以相互结合，迅速使动作难度升级，以挑战身体核心的稳定性。

注意事项

❶ 颈部和肩膀放松。

❷ 保持骨盆稳定，不要向任何一侧倾斜（包括动作变化❶练习）。

❸ 抬髋时，避免卷曲背部；髋部下放时，先把骶骨部分落在垫子上。

03 脊柱侧弯

正常人的脊柱,从背面观看,应该呈一条直线,而当脊柱向两侧非正常地弯曲时,就为脊柱侧弯症(Scoliosis)。脊柱侧弯的原因有很多。先天性结构缺陷、遗传因素、长期姿势不良、扁平足、长期单侧负重等都可能会导致其发生。女性及青少年更容易发生脊柱侧弯。一般而言,其原因可能是他们的韧带及肌肉系统较弱。

◆ 评估方式

除了在背后观察或以手触摸棘突的排列以外,常用的检查方式是"躯干前屈测试":令被检查者背向检查者站立,然后做躯干屈曲,检查者目测其背部左右高度是否一致。若其背部左右高低相差很明显,则基本可确认其为脊柱侧弯,但需进一步做医学检查,以明确侧弯的严重程度。

◆ 脊柱侧弯分类

按可逆程度把脊柱侧弯分为两类。

(1)不可逆的脊柱侧弯:通常指结构性脊柱侧弯。

(2)可逆性的脊柱侧弯:一般指非结构性脊柱侧弯(又称功能性脊柱侧弯或姿势性脊柱侧弯)。

按侧弯的形态可把脊柱侧弯分为C形侧弯和S形侧弯。

◆ 主要症状

其症状通常依脊柱侧弯的程度及年龄而有所不同。

(1)轻则颈背酸痛,腰疼无力。

(2)中度则姿态异常,时而剧痛难耐,甚至有自主神经受压迫而失调的现象。

(3)重度则影响呼吸系统,压迫心肺区域,致其功能失常,并可能连带有自主神经失调现象。

◆ 治疗方式

根据异常脊柱侧弯的曲线角度的不同,可把治疗方法分为下列几种。

(1)侧弯小于10°:除介入行为矫正训练和运动疗法,还需做追踪观察,看其是否有继续恶化现象。

(2)侧弯在10°~20°:除了介入行为矫正训练和运动疗法外,还需同时使用理疗,以加强效果。

(3)侧弯在20°~40°:除了做上面提到的运动治疗并配合理疗外,还必须使用矫正性支架。

(4)侧弯大于40°:考虑以手术的方式进行矫正,以避免因脊柱侧弯的角度太大而影响呼吸系统及心脏的功能。

◆ 普拉提运动疗法

无论侧弯程度如何,运动疗法对于脊柱侧弯都有着相当重要的作用。对侧弯的脊柱来说,通常凸侧面为弱侧,而凹侧面为强侧。普拉提运动疗法的原理主要是通过评估分析和有目的地训练平衡脊柱两侧肌肉的收缩力。通过训练加强弱侧肌肉的肌张力，同时促进紧缩一侧结构的伸展。

◆ 普拉提针对性练习

呼吸练习

呼吸练习包括横向呼吸（Lateral Breathing）和单侧肋间呼吸（One Lung Breathing）两种方法。

普拉提动作

请参照随书赠送的视频文件开展练习，也可以参照本节精选的 10 个动作进行有针对性的练习。

1）单侧肋间呼吸

胸廓的主要运动功能就是呼吸，其主要构成部分——肋骨的后方联结脊柱的胸椎段。因此脊柱侧弯一定会影响呼吸机能，而有针对性的呼吸训练，反过来也有助于矫正脊柱的偏位形态。"单侧肋间呼吸"，也称为"单侧肺部呼吸"，此训练能够提高肋骨活动性，从而改善呼吸机能。它可以单独进行练习，也可以结合一些体位例如"美人鱼侧伸展"（Mermaid Side Stretch）来运用。对于有脊柱侧弯的人士可以运用凹面的"单侧肋间呼吸"来提高相对闭合一侧的肋骨活动性，从而达到辅助矫正侧弯偏位的脊柱和胸廓的效果。

动作步骤

❶坐姿或站姿，两手放在胸廓的下部，每次吸气时只打开一侧的肋骨，把气吸入这一侧的肺部。当你把气吸入一边的肺部时，感到这一侧的肋骨往外膨胀。

注意，如果一边比另一边更容易，说明你的呼吸肌可能存在失衡的问题。

❷如果感觉不明显，可以侧卧，把毛巾放在胸廓的下面，然后尽量保持肋骨稳定，用上侧肺部进行单侧肋间呼吸练习。

2）仰卧脊柱旋转

"Spine Twist Spine"也称为"Side to Side"（即为从一侧到另一侧，左右摇摆之意），这个动作不少人在初次练习会觉得非常容易，原因是往往忽略了背部的稳定以及核心的引领，而只是做了一个简单的腿部转动动作。通过这个动作练习，我们将感受如何以核心带动脊柱的旋转，并在放低腿部时伸展对侧的斜肌，强调的是躯干的动态稳定和控制。

益处：紧致腰腹区域，加强腹部，尤其斜肌的控制力，增加躯干的动态稳定性。

动作步骤

❶ 仰卧，双手伸直向两侧平行打开，掌心向上。两腿屈膝90°，然后并拢抬高至大腿与地面垂直，膝盖在髋关节的正上方。

- 颈部放松
- 收缩腹部
- 两肩放松均匀贴住地面
- 双手手臂打开
- 上背部稳定
- 掌心向上

❷ 吸气，保持膝盖角度不变，慢慢让大腿向左沿着一个平面下滑，直至感觉对侧的肩膀几乎要离开地面。

❸ 呼气，收缩腹部，把肚脐拉向脊柱，集中身体核心的力量将腿部拉回至中间。重复动作步骤向另一侧放低腿部。

重复：两侧连续做5～8个回合。

动作变化

❶ 加上颈部练习：在每一次转动双腿时，都放松颈部，让头部转动向另一侧。

❷ 改变呼吸节奏：在呼气时下放双腿，吸气时收回原位，更有利于核心稳定的控制。

❸ 难度调整：让双脚平放地面，转动时保持胸骨及以上部位不动。

❹ 难度升级1：将一侧腿膝盖伸直，然后向对侧慢慢下放。每组在中间交换伸直腿部。

❺ 难度升级2：将双腿伸直来进行动作练习。

❻ 辅助器材1：在动作练习时将普拉提小球或魔力圈夹在双膝之间。

❼ 辅助器材2：用弹力带交叉捆住双腿膝盖处，双手打开，保持弹力带一定的阻力。

❽辅助器材3：双手握住普拉提魔力圈向中间施压，抬起双手向上，在双腿转动时保持稳定。

想象技巧

❶想象整个身体的背部、肩膀和双臂就像被水泥浇固在地板上一样，在转动脊柱带动腿部时保持稳定。
❷双腿在转动的时候，想象在一个固定的轨道槽里滑动。

注意事项

❶开始练习时速度应该放慢，控制滑动节奏。
❷建议初学者从动作变化❸做起，先找到核心带动的感觉再加难度。
❸椎间盘突出或下背痛者，只进行动作变化❸的练习，仍感到不适者略过此练习。

小贴士

认认真真地尽力按照细节要求执行正确的动作，远远胜于无数个看起来"差不多"的动作练习。对于脊柱侧弯的练习者来说，两侧的动作幅度和用力的感觉细细体会可能是不一样的；对于不平衡的两侧，更需要去关注弱的那一侧。

3）侧卧抬腿 1

脊柱立于骨盆之上，有稳定的骨盆才有稳定的脊柱，而髋部外展肌群在走路、跑步等移动身体的时候是非常重要的骨盆稳定肌群，对于很多久坐为主的现代人而言，骨盆侧面往往是比较薄弱的部位。"侧腿系列"（Side Leg Series）是徒手训练经典的系列动作，而"侧卧抬腿 1"是普拉提侧腿系列的基础练习，强调上抬腿时还必须精确地稳定脊柱和骨盆区域，同时追求动作的流畅性。

益处：提高躯干和骨盆在侧卧时的稳定性，强化髋部外展肌群，收紧侧腹部和臀部。

动作步骤

❶ 侧卧，髋部微屈，双腿向前与身体约成 30°上下交叠。肘关节支在垫子上，手在耳后支撑住头部，上侧手放在胸前支撑。保持肩膀、髋部都垂直于地面，双腿呈"普拉提站姿"。

（脖颈舒展）
（肘关节稳定支撑）

（腿部尽量伸展延长）
（骨盆稳定，避免摇晃）
（沉肩）
（收缩腹部）
（上侧支撑手压向垫子）

❷ 吸气，提起上面的腿指向天花板方向，避免移动上面的髋部或塌缩腰部。肩膀和髋部都要保持固定。

❸ 呼气，有控制地放低上面的腿，和下侧腿并拢还原。

重复：两侧各重复 6~10 次。

动作变化

❶ 改变腿位——双腿不做"普拉提站姿",而是改为"平行站姿"。注意此时抬腿的角度会相应减小。

❷ 难度调整 1:改变支撑手位——伸直下侧手臂,把头放在下面的手臂上。

❸ 难度调整 2:改变支撑腿位——下侧腿屈膝增大支撑平面。

❹ 难度升级 1:上侧腿绷脚尖抬起,勾脚尖下放;或者相反操作。通过变换脚位,促进腿部控制和协调能力。

❺ 难度升级:改变支撑手位——把双手手指交叉抱于头后,肘关节打开,在下面的肘关节上找到平衡支撑点。

想象技巧

❶ 想象在你的肩膀上有一杯咖啡,不要让它溅出来。

❷ 腿向后一直保持延长感,想象用脚在墙上画一条竖线。

注意事项

❶ 在动作练习中,始终保持肩膀和髋部在同一直线上,避免身体前后扭动。

❷ 肩部较宽或颈部有问题者,如采用动作变化❷,可在头部下面垫入一块毛巾以减小颈部压力,以下为起始动作。

❸ 髋关节有问题者,可减小动作的幅度或减小重复次数。

4）侧卧香蕉卷起

平衡是理想的脊柱状态。脊柱侧弯人群的脊柱两侧的活动范围和肌力都是不对等的，在此类单侧动作的练习当中，脊柱侧弯者会很明显地发现自身的不平衡问题，在徒手功能性训练中，强化弱侧，和拉伸打开紧张的一侧是一个基本原则。"侧卧香蕉卷起"在练习时要求凝聚核心的力量，收缩腰腹部，控制髋部不能倾斜和摇晃，重复动作的过渡应是非常流畅的，且要保持平衡。

益处：这个动作能够提高躯干和骨盆在侧卧时的稳定性，收紧腹部，尤其是侧腹；增强核心区域的控制协调能力，美化身体及腿部线条。

动作步骤

❶ 侧卧，双腿并拢伸直，稍稍向前屈髋约和身体成30°，下面的手伸直垫在头部的下面，掌心朝上，上面的手放在身体胸前位置的垫上。保持肩膀、髋部都垂直于地面。

❷ 吸气，体会躯干拉长感。呼气，收缩腹部，上面的手臂适当用力来帮助稳定，往天花板方向抬起头、肩和下侧手臂以及两腿，使你的身体形成像香蕉一样的半月形。

- 膝盖伸直
- 脖子拉长舒展
- 脸部放松
- 沉肩
- 肋骨避免凸出
- 收腹
- 双腿并拢

❸ 吸气，手臂和双腿有控制地下放，但不要把重心完全放回到垫上，重复抬起练习。

重复：4～6次。

> 动作变化

❶难度调整1：调整骨盆起始位置，将上侧的髋骨向身后稍稍倾斜，以此来让前侧更多的腹部运动单元来参与动作，要注意倾斜角度在提腿时必须保持不变，不能在练习时扭动身体。倾斜角度越大，则难度越是降低。

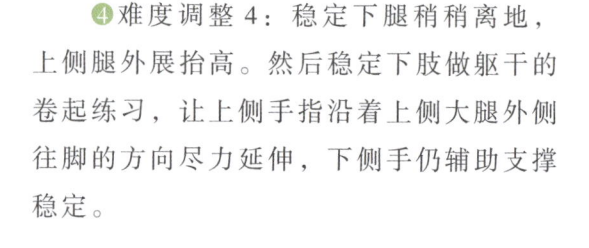

❷难度调整2：稳定下肢保持在地面上，上侧手弧形画圈引导躯干的卷起练习，下侧手仍辅助支撑稳定。

❸难度调整3：保持两腿稍稍离开地面抬高的位置，上侧手臂放在上侧大腿外侧。在呼气时，只抬高躯干，上侧手指沿着身体往脚的方向尽力延伸，下侧手仍辅助支撑稳定。

❹难度调整4：稳定下腿稍稍离地，上侧腿外展抬高。然后稳定下肢做躯干的卷起练习，让上侧手指沿着上侧大腿外侧往脚的方向尽力延伸，下侧手仍辅助支撑稳定。

❺难度升级1：减小双腿屈髋的角度，或将双腿和身体保持一直线。

❻难度升级2：抬高两腿稳定在空中，上侧手弧形画圈引导躯干的卷起练习，让上侧手沿着身体往脚的方向伸直，下侧手仍辅助支撑稳定。

❼ 难度升级 3：在卷起抬高时，上侧手弧形画圈引导躯干的卷起练习，下侧手臂跟着躯干同步离开地面，不做稳定和支撑的辅助，挑战你的核心稳定极限。

想象技巧
❶ 在动作练习中，始终保持髋部轴心稳定，想象有一根标杆由上而下穿过你的髋部。
❷ 提起、放下动作应连贯流畅，想象你的腿像羽毛一样的轻，飘上去飘下来。

注意事项
❶ 保持两头提起和放低始终同步。
❷ 下侧手若辅助支撑稳定，必须注意仍需以核心的力量来引导控制动作。
❸ 如侧面的髋部疼痛，用适合自己的难度调整动作进行练习。如果仍感到不舒服，就略过此练习。

5）单膝伸拉

对于脊柱侧弯者，这个动作能够缓和地拉伸臀部和下背的肌肉，放松下背部的过度紧张。由于动作幅度不大，所以即便对于同时患有慢性下背痛的体弱者，或久坐办公室、背部和臀部肌肉僵硬者，此动作都是非常安全的放松和伸拉练习。脊柱侧弯练习者因为存在身体两侧肌张力不平衡的状况，所以也可只做单侧，或在相对拉伸范围更小的单侧增加 1~2 组练习。

动作步骤
❶ 仰卧，一侧腿屈膝，接着双手抱住膝盖后侧（也可将手指或双臂交叉环绕在膝后侧），将屈膝腿缓缓拉向自己的身体，直至有稍许牵拉限制。
❷ 保持这一姿势 20~30 秒，维持正常呼吸。

动作变化
如大腿后侧腘绳肌比较紧张，则可以弯曲在地面一侧腿的膝盖。

6）脊柱旋转伸展

投掷、打球乃至转身去拿一个物品这样的躯干旋转是我们日常生活中最常见的功能动作。脊柱侧弯通常会伴随脊柱椎体的回旋式偏位，"脊柱旋转伸展"是一个很好地从上到下拉伸整条脊柱旋转功能链肌群的动作，能够放松脊柱侧弯练习者脊柱的过度紧张、缓解脊柱侧弯者背部和臀部肌肉僵硬的程度。脊柱侧弯练习者因为存在身体两侧肌张力不平衡的状况，也可只做单侧，或在相对拉伸范围更小的单侧增加 1～2 组练习。

动作步骤

❶ 屈膝侧卧，将双手放在身体前方，合拢手掌。

❷ 吸气，向上打开手臂。

❸ 呼气，随着脊柱旋转，向后打开手臂。

❹ 吸气，停留在这个位置。呼气时，身体转动并带动手臂回到原位。

动作变化

❶ 可以在步骤❸伸展的位置停留 3~5 个呼吸间隔。

❷ 两膝盖合拢，抬高，靠近身体，用手压住，转动身体，向另一侧打开手臂，视线转向对侧。

目标 打开肩膀和胸廓，伸展胸椎和颈部。

重复次数：1～2 次。

伸展方法：动态、静态结合伸展，每次 15～20 秒。

注意事项

❶ 在旋转脊柱时，注意核心的引领。

❷ 让骨盆保持相对稳定。

❸ 放松肩颈，让脊柱保持中立，避免肋骨外凸。

7）四足游泳

侧弯不平衡的脊柱，往往导致在练习"四足游泳"延展对侧的手臂和腿的时候，腰盆不稳，以及一侧动作范围偏小，有点"卡住"的感觉。此练习需要身体专注于凝聚核心力量，有效地协调神经和深层肌肉来控制在各步骤转换过程中的动态平衡。在对侧手和脚延伸时，还要求练习者保持脊柱的中立位，在伸展四肢的过程中脊柱和腰盆处稳定不动，始终保持动作中的控制。

益处：平衡脊柱，培养腰骶稳定的力量和意识，并增强骨盆的动态稳定性。

动作步骤

❶ 四足支撑，手臂和双腿垂直于地面，保持脊柱处于自然中立位。

❷ 吸气，将左腿向后延伸，然后抬高到髋部的高度，不要改变后背的姿势。同时抬起右手向前延伸，不要改变肩的姿势。

❸ 呼气，收缩腹部，将左腿和右手同时收回。

重复练习，交换对侧的手臂和腿部向两侧伸展。

重复：每侧各 4～8 次。

想象技巧

❶ 想象手臂和对侧的脚向两个方向延伸对拉。

❷ 想象你的腰骶上方有一杯热茶，在抬起手臂和延伸抬高腿部的时候不要让它倒翻。

注意事项

❶ 练习时肩膀和臀部避免左右摇摆重心。

❷ 稳定核心，专注于把手和脚向两侧延伸而不是抬高。

动作变化

❶ 改变呼吸节奏：更有助于核心稳定的呼吸配合——呼气时延伸手臂和对侧腿部；吸气时，收回对角的手臂和腿部。

❷ 难度调整 1：保持腰盆稳定，手臂不动，只做腿部的伸展动作。

❸ 难度调整 2：保持腰盆稳定，腿部不动，只做手臂的伸展动作。

❹ 辅助器材：把泡沫轴放在脊柱上方，不要影响泡沫轴的位置，完成动作。

小贴士

对于脊柱侧弯的练习者来说，呼吸的配合，以及训练时两侧的动作幅度和用力的感觉，细细体会可能是不一样的；对于脊柱侧弯练习者不平衡的两侧，更需要去关注幅度受限以及用力较弱的那一侧。

8）俯身游泳

"俯身游泳"要求四肢划动的节奏均匀，让身体在快速划动时学习如何以稳定核心来保持骨盆稳定。脊柱侧弯的初学者在一开始练习时往往觉得难以控制，可以先从不抬起身体开始，也可以从上肢和下肢分开练习开始，待熟悉动作后，再过渡到完整练习。节奏在一开始不要贪快，当找到身体正确控制动作的感觉后再考虑慢慢加快。

益处：矫正双侧的不平衡，改善背伸肌群和髋伸肌群的虚弱无力，协调对角的肌肉运动链，扩展胸廓，改善不良体态和圆肩。

动作步骤

❶俯卧在垫上，双腿往后伸直，保持分开与髋同宽。手臂往前延伸伸过头部，但肩部不要耸起。

❷吸气，体会身体向两侧延长。呼气，收紧腰腹部和臀部，抬高头部、双臂和腿部。眼睛视线向下，保持整条脊骨成一条自然延伸线，手臂前伸。

❸配合鼻式呼吸，保持躯干核心的稳定，交替抬高对角线的手和腿，接着快速交换另一侧。动作和呼吸的节奏可以根据自己的情况为吸气两次、呼气两次或吸气四次、呼气四次。建议初学者把节奏放慢一些，先找到"游泳"的感觉。

重复：4～8组呼吸。

- 双腿与髋同宽
- 臀部收紧
- 双臂在身体正前方摆动
- 颈部拉长延伸
- 腹部收紧
- 头部不要后仰
- 膝盖不要弯曲
- 沉肩

动作变化

❶难度调整 1：身体不要抬起，每一次呼吸交替抬起对侧手臂和腿部。

❷难度调整 2：只划动手臂或只划动腿。

❸难度升级：保持两边的平衡，尽可能快地交替划动。

❹辅助器材：俯在 BOSU 球上进行练习。

想象技巧

❶想象自己在水中游泳时打腿的样子，避免膝盖弯曲，以核心及大腿来带动小腿。

❷当四肢运动时保持核心稳定，想象有一杯水在你的背部，尽量不要让水溅出来。

❸先让腿往外伸直，然后抬高。在你的腿抬高前，想象它们往墙壁伸展。

注意事项

❶不要让髋部左右摇晃，双手和双腿摆动不要超过身体的宽度。

❷动作尽可能协调，保持四肢动作节奏的一致。

❸如果肩膀受伤，就只做交替抬高腿部的动作。

❹椎管狭窄或下背部受伤者，减小背部伸展的幅度或以动作变化 1 来练习。

小贴士

对于脊柱侧弯的练习者来说，呼吸的配合，以及训练时两侧的动作幅度和用力的感觉，细细体会可能是不一样的；对于脊柱侧弯练习者不平衡的两侧，更需要去关注幅度受限以及用力较弱的那一侧。

9) 穿针引线

理想的脊柱形态在正面或背面观察应该是一条直线，尽管脊柱侧弯指的是脊柱在冠状面出现向左或向右的偏离，但是实际上多数的脊柱侧弯，都会或多或少伴随脊柱的回旋偏位的，即侧弯的同时伴随扭转的偏位，所以，全面的矫正训练还需要加上旋转的体位纠正。

动作步骤

❶ 四足支撑，手臂和大腿垂直于地面。

❷ 侧身，放低身体，让右手掌心向上，穿越左手内侧。放低右侧肩膀落地，将脸转向左侧。打开左手向上指向天空。

❸ 左手绕过背后，让掌心向后。如果可以，则让手指扣入右大腿内侧，打开肩膀，以促进脊柱伸展扭转。

❹ 放开左手，重新支撑在地面上，然后缓缓回到"四足支撑"位。交换另一侧。

目标 在水平面充分伸展脊柱的每一个小关节，并伸展、放松躯干斜侧面、肩膀、背部的肌肉。

重复次数：两侧方向各 2 次。
伸展方法：静态伸展，每次 20 ~ 30 秒。

10) 休息放松式

所谓"上梁不正下梁歪",作为一个整体,脊柱上下之间存在力学关系的相互影响,由此不难想象,上面生理弧度不对的脊柱也会给底下腰盆区域这个承重环节带来额外的负担。很多脊柱侧弯者都有腰部紧张酸痛的情况,放松和伸展下腰部紧张的肌群非常重要。

"休息放松式"这个姿势来源于瑜伽中的一个放松体式,所以也可以直接沿用瑜伽中的名字"孩童式"(Child Pose)。在普拉提中它也被称为"Shell Stretch"(放松骨架、放松躯干之意)。这个姿势对于全身都具有放松的功效,同时也能够拉伸紧张的下背部肌肉。

动作步骤

① 采取跪姿,脚背落地,重心向后落在脚跟,前额着地,背部及腰椎区域完全放松。
② 双臂和肩膀放松,将双臂平放在前侧。尽可能让整个身体放松,保持深长的呼吸。

动作变化

将双臂向后放在身体两侧,使肩膀和背部更加放松。

04 产后恢复

仅仅通过饮食控制，虽然能够减轻体重，但是如果不注意锻炼，就可能还会长胖。

孕期由于体内孕激素的分泌，身体各部位，尤其是骨盆区域的肌肉、韧带等结缔组织和关节都会变得松弛；同时，由于产前往往运动减小，而营养摄入又比较充分，体重自然会增加很多。产后除了减重，以尽快恢复体形以外，核心区域的收紧和肌肉张力的恢复也是非常重要的训练目标。正常的话，产后数周之后，你就可以恢复锻炼了。最好是坚持每天都进行一定的运动。运动不但可以帮助你恢复身材，也可以使你精力充沛地应付产后的大量工作。可以以较小的强度，每天锻炼 2～3 次，且每次时间不用很长。这比每天做一次长时间的运动更有效、更方便。

◆ 产后恢复运动的益处

❶ 促进子宫及相关生殖器官早日复原。

❷ 增强腹部和骨盆底肌的收缩力，降低患背痛和压力性尿失禁的风险。

❸ 恢复身材，消除怀孕时增加的脂肪及赘肉。

❹ 减轻经前紧张综合征的不适感。

❺ 增强身体抗感染的能力。

❻ 感觉更自信，精神更愉悦，缓解产后忧郁症状。

◆ 注意事项

❶ 要遵从医师的指示。产后大出血、产道严重受伤，或患心脏病的人，从事产后运动时必须格外小心。

❷ 要量力而为。孕期激素水平要从体内消失需要 4～6 周的时间。适度、适当的运动是有益的，而过度或不当的运动则必须避免。过早的激烈运动容易增加子宫脱垂的风险。

❸ 要循序渐进。运动量应该从小到大，运动强度由低向高慢慢过渡，逐步适应。

❹ 把握好锻炼的时机。运动的理想时间是刚喂完奶之后，最好先排空尿液。

❺ 运动的衣着要透气，方便肢体伸展。尽量穿戴棉质的、肩带结实的，且有较强支撑力的运动胸衣。

◆ 普拉提针对性练习

以下练习建议新手妈妈们作为产后常规训练。

在产后最初几天，如果没有伤口发炎或其他并发症，则在得到医生许可的前提下，可以做以下练习。

骨盆底肌收缩训练（Kegels 锻炼）：持续 10 秒，5~10 个循环，每天进行 3 次以上。

骨盆卷动：直背抬高髋部，注重收臀，强化背伸肌群，预防和减缓背痛。

横向呼吸练习：注重收腹，收腹时

可以做 5 秒的静力等长收缩，做 10~20 次以上。

横膈膜呼吸：注重精神的放松。

◆ 产后 6 周

自然分娩之后 6 周通常需要回到医院做例行的产后复检（剖腹产则需要更长的时间）。如果有感染或慢性炎症等特殊情况，则需要先听从医嘱。

如果没有特殊状况，则可以逐渐恢复运动，运动形式可以包括有氧运动、抗阻力训练和拉伸练习等。有氧运动可以从 20 分钟的低强度步行开始，逐渐增加运动时间，慢慢提升运动强度。如果条件允许，也可以变换形式，例如自行车、椭圆机或游泳等。

一提到对抗阻力的力量训练，很多人自然就想到了健身房的杠铃、哑铃等重器械训练。实际上，力量训练选择的阻力可大可小，对于以产后恢复为目的的新晋妈妈来说，徒手自重训练是一个既不占用什么场地，又简单有效，非常具备可操作性的选择。徒手力量练习，可以先从简单的动作负荷自重开始练习，逐渐增加强度或难度。大多数以产后恢复为主要目的的肌肉训练，都会在一开始先强化深层的核心肌群，以及把关注点放在稳定性力量的重建上。

伸展练习要照顾到全身所有的大肌肉。因为孕期的松弛还没有完全从体内消退，关节还不太稳定。因此在训练时一定要听从自己的感觉，避免过度伸展。由于怀孕期间重心的改变容易造成姿态的改变，从而养成坏的肌肉收缩习惯模式，所以在这个阶段应该注重姿态的训练，平衡肌肉张力。对于强度较大的腹部强化训练，只有等待更长的一段时间之后才能开始。

除了坚持做那些在产后最初几天可以做的练习外，还可以进行以下具有针对性的普拉提练习。

◆ 普拉提针对性练习

生活中的姿势训练

包括收缩骨盆底肌和收缩腹部。

普拉提动作

请参照随书赠送的视频文件开展练习，也可以参照本节精选的 10 个动作进行有针对性的练习。

1) 收缩练习

收缩骨盆底肌

女性的盆底肌肉，就像吊床一样，承托和支持着膀胱、子宫、直肠等盆腔器官，除了维持这些盆腔器官正常工作外，还参与了控尿、排便、维持阴道的紧缩度以增加性快感等多项生理活动。产后盆底肌肉受损，就会导致盆底功能障碍。初期表现为咳嗽、打喷嚏、跳跃时有尿液渗出，或者阴道松弛而性生活不满意等问题，同时与产后长短腿、腰背部酸痛以及腹腔臀部松垮等有着必然的联系。

动作步骤

❶ 收紧骨盆底肌，将会阴部往上提起，可以想象一下小便进行到一半时憋住，或者是提升肛门的感觉。

❷ 开始可以快速做10次，然后变换方法，在每一次上提后，都不要放松，停留6秒，再慢慢放松，重复做6次。

❸ 练习时注意保持自然呼吸。

收缩腹部

和上面的收缩骨盆底肌练习一样，这也是一个没人能够觉察到的可以悄悄进行的训练。

不管你身在何处，家中看电视、驾驶途中、办公室开会……身体都要保持挺拔的姿态。

动作步骤

❶ 吸气时，将胸廓往外撑开；呼气时，收缩腹部，将肚脐向内收缩。

❷ 这个简单的练习不仅可以强化腹部，还能让你的身体快速适应并熟悉普拉提练习中常用的轴心收紧动作。这个练习既可以单独进行，也可以和其他的练习同时进行。

2) 足尖点地

除了腰腹部等外在形体上需要快速恢复外，频繁俯身抱起和放下刚刚出生但是体重却是每天都在快速增加的宝宝，是新妈妈每天不可缺少的重要体力活动，因此，恢复和强化核心的稳定性控制能力是产后恢复训练的其中一个重点。

动作步骤

❶仰卧，双腿与髋同宽，抬高两腿，屈髋屈膝各90°，小腿与地板平行。

❷吸气，保持膝盖角度不变，慢慢下放一侧腿直至脚尖轻点地面。

- 膝盖角度稳定
- 腹部收紧
- 沉肩
- 颈舒展
- 脊柱中立位
- 腰盆稳定

❸呼气时，腹部先行收缩，引领腿部收回至原位。然后交换另一侧腿部下放，双腿交替。

重复：两侧各重复6～10次。

动作变化

❶ 改变动作节奏：在呼气时下放，以协助腿部下放时的核心稳定；吸气时抬起。

❷ 动作升级 1：抬起双臂指向天空。

❸ 动作升级 2：双腿同时下落完成练习。

❹ 辅助器材：躺在泡沫轴上练习，身体保持稳定。

❺ 辅助器材：双手以不变的力量向内施压握住普拉提魔术圈，抬起两臂指向上方。

想象技巧

可以想象有一碗热茶在你的腹部上，当腿动的时候，不要让它溅出来。

注意事项

❶ 在下放腿前，集中意识感觉背部和腰盆后侧与地面接触的压力。

❷ 避免骨盆歪斜，进而改变你后背的位置。

❸ 动作不要太快，收缩腰腹核心，匀速交替抬腿。

3) 仰卧脊柱旋转

"Spine Twist Spine"也称为"Side to Side"（即为从一侧到另一侧，左右摇摆之意），这个动作不少人在初次练习会觉得非常容易，原因是往往忽略了背部的稳定以及核心的引领，而只是做了一个简单的腿部转动动作。通过这个动作练习，我们将感受如何以核心带动脊柱的旋转，并在放低腿部时伸展对侧的斜肌，强调的是躯干的动态稳定和控制。

益处：紧致腰腹区域，加强腹部，尤其斜肌的控制力，增加躯干的动态稳定性。

动作步骤

❶仰卧，双手伸直向两侧平行打开，掌心向上。两腿屈膝90°，然后并拢抬高至大腿与地面垂直，膝盖在髋关节的正上方。

颈部放松
收缩腹部
两肩放松均匀贴住地面
双手手臂打开
上背部稳定
掌心向上

❷吸气，保持膝盖角度不变，慢慢让大腿向左沿着一个平面下滑，直至感觉对侧的肩膀几乎要离开地面。

❸呼气，收缩腹部，把肚脐拉向脊柱，集中身体核心的力量将腿部拉回至中间。重复动作步骤向另一侧放低腿部。

重复：两侧连续做5～8个回合。

动作变化

❶加上颈部练习：在每一次转动双腿时，都放松颈部，让头部转动向另一侧。

❷改变呼吸节奏：在呼气时下放双腿，吸气时收回原位，更有利于核心稳定的控制。

❸难度调整：让双脚平放地面，转动时保持胸骨及以上部位不动。

❹难度升级1：将一侧腿膝盖伸直，然后向对侧慢慢下放。每组在中间交换伸直腿部。

❺难度升级2：将双腿伸直来进行动作练习。

❻辅助器材1：在动作练习时将普拉提小球或魔力圈夹在双膝之间。

❼辅助器材2：用弹力带交叉捆住双腿膝盖处，双手打开，保持弹力带一定的阻力。

❽辅助器材3：双手握住普拉提魔力圈向中间施压，抬起双手向上，在双腿转动时保持稳定。

想象技巧
❶想象整个身体的背部、肩膀和双臂就像被水泥浇固在地板上一样，在转动脊柱带动腿部时保持稳定。
❷双腿在转动的时候，想象在一个固定的轨道槽里滑动。

注意事项
❶开始练习时速度应该放慢，控制滑动节奏。
❷建议初学者从动作变化❸做起，先找到核心带动的感觉再加难度。
❸椎间盘突出或下背痛者，只进行动作变化❸的练习，仍感到不适者略过此练习。

小贴士　在生产之后，妈妈们最想快速恢复的部位就是松弛的腰腹部了。要获得这个练习的神奇效果，最重要的不是动作幅度，也不是你重复了多少次，而是将注意力完全放在腰腹部向中心收缩来引导下肢摆动这个细节感觉上。

4）侧踏单车

对于产后恢复的新妈妈来说,"侧踏单车"是一个要求较高的练习动作。注意练习时要求凝聚核心的力量,收缩腰腹部,控制髋部完全稳定,不能倾斜和摇晃,保持躯干上面一边的腰部不要下塌,然后上侧腿部髋关节和膝关节在前后两个方向都尽可能运动到最大的幅度。

益处:这个动作能够提高躯干和骨盆在侧卧时的稳定性,收紧腰侧部和腹部,并有效强化和拉伸到臀部、髋部以及大腿前后侧肌肉,美化腿部线条。

动作步骤

❶侧卧,头部、躯干与垫子的后侧缘对齐。双腿并拢伸直,髋部略微屈曲,使双腿稍稍向前移动与身体略成30°。肘关节支在垫子上,手支撑住头部,另一只手放在胸前支撑在前面。保持肩膀、髋部都垂直于地面。

❷上侧的腿稍稍提起,至骨盆的高度。

❸呼气,上面的腿膝盖伸直向后平行伸展,保持腿与地板平行,并与髋在同一直线上,注意骨盆不要摇动。

❹髋部保持不动,弯曲膝盖,脚跟靠近臀部。

❺吸气,保持膝盖角度不变,沿一个水平面向前曲髋,不要影响躯干的稳定。

❻髋关节不要移动,在原位伸直膝盖,尽量伸直腿部,骨盆仍旧需要保持稳定。接着继续重复步骤❸~❻。

重复:4~8次。

动作变化

❶转换方向:即如同反踩自行车一般,从步骤❸~❻反过来完成。

吸气,在骨盆稳定的前提下,上侧腿膝盖保持伸直向前伸展;接着髋部不动,弯曲膝盖;然后呼气,保持膝盖角度弯曲,向后伸展腿部;最后髋关节不动,打开膝盖角度,伸直上侧腿部。

❷难度调整:将难度减低,可把下侧手臂伸直,把头放在下面的手臂上,而不是以肘关节撑地。

❸难度升级1:在腿部前后画动时,两腿足背可以配合勾脚和绷脚。

❹难度升级2:把双手手指交叉抱于头后,肘关节打开,在下面的肘关节上找到平衡支撑点。

想象技巧

❶在动作练习中,始终保持肩膀和髋部在同一直线上,想象有一根标杆自上而下穿过你的髋部。

❷收紧腹部,当腿摆动时,想象你正在踩一辆很大的自行车。

注意事项

❶始终保持腿与地板平行运动,并与髋在同一直线上。

❷颈、肩、肘和手腕受伤者,用动作变化❷来代替。

❸若侧面的髋部疼痛,可减小动作的幅度;如果仍然觉得非常不舒服,就避免做此动作。

小贴士

常见误区

很多人在做这个练习时,感到很轻松,腹部感觉不明显,腿部也用不上什么力。

原因分析

主要原因有3个:①起始动作位置没有做到位;②核心没有凝聚收缩,腰盆没有始终保持稳定;③腿部只是随意地摆动,没有按照正确轨迹画圈。

解决方法

保持侧卧体位的正确姿势,"将肚脐拉向脊柱",保持核心始终向内收缩,腰盆稳定。此外,腿部要按要求有序地摆动。

建议初学者先以动作变化❷的手位来练习。

5) 侧卧抬腿 2

松弛的大腿内侧不仅影响产后妈妈的形象,而且也会令骨盆的动态稳定性下降。"侧卧抬腿 2"强调在固定躯干、稳定骨盆区域的前提下来进行下侧腿部的运动,以此强化大腿内侧的内收肌,而上侧腿部则需要臀肌保持静力收缩来维持抬起的高度。

益处:提高躯干和骨盆在侧卧时的稳定性,收紧和加强大腿内、外侧肌肉以及臀部,收窄侧腹部。

> **动作步骤**

❶ 侧卧屈髋,双腿向前与身体约成 30° 上下交叠。肘关节支在垫子上,手在耳后支撑住头部,上侧手放在胸前支撑。保持肩膀、髋部都垂直于地面,双腿呈"普拉提站姿"。

❷ 吸气,上侧腿向上打开至约 30°,肩膀和髋部都要保持固定。

❸ 采用鼻式呼吸,快速连续呼气,上侧腿保持不动,下侧腿连续上提,让大腿内侧尽量向内挤压,和上侧腿的脚跟相互并拢。

完成连续有节奏的击打脚跟动作后,再慢慢放低双腿。

重复:两侧各重复连续击打脚跟 10 ~ 20 次。

动作变化

❶ 难度调整1：改变抬腿节奏——向上靠拢一次，接着双腿同时下放。可适当放慢速度，重复4～8次。

❷ 难度调整2：改变支撑手位——伸直下侧手臂，把头放在下面的手臂上。

❸ 难度调整3：调整骨盆起始位置——将上侧的髋骨向身后稍稍倾斜，以此来募集前侧更多的腹部运动单元来参与动作。要注意倾斜角度在提腿时必须保持不变，不能在练习时扭动身体。后倾角度越大，则难度越是降低。

❹ 辅助器材：双腿之间放入魔力圈，上侧腿向下连续施压。

想象技巧

❶ 想象在你的肩膀上有一杯咖啡，不要让它溅出来。
❷ 想象双腿就像一道门一样，上侧腿稳定不动，下侧腿部向上去与上侧腿合拢。

注意事项

❶ 在动作练习中，始终保持肩膀和髋部在同一直线上，避免身体前后扭动。
❷ 肩部较宽或颈部有问题的，如采用动作变化❷，可在头下面垫入一块毛巾以减小颈部压力。
❸ 髋关节有问题者，可减小动作的幅度或减小重复次数。

6) 侧卧香蕉卷起

悬挂于腰部两侧的赘肉常常令产后的妈妈们抓狂,"侧卧香蕉卷起"是"侧卧抬腿"的进阶动作。练习时要求凝聚核心的力量,收缩侧腰和腹部,控制髋部完全稳定,不能倾斜和摇晃。两侧同时抬高时,在髋部不要破坏自然弧度,动作过渡应是非常流畅的,同时需要注意保持平衡。

益处:这个动作能够提高躯干和骨盆在侧卧时的稳定性,收紧腹部,尤其是侧腹;增强核心区域的控制协调能力,美化身体及腿部线条。

动作步骤

❶ 侧卧,双腿并拢伸直,稍稍向前屈髋约和身体成30°,下面的手伸直垫在头部的下面,掌心朝上,上面的手放在身体胸前位置的垫上。保持肩膀、髋部都垂直于地面。

❷ 吸气,体会躯干拉长感。呼气,收缩腹部,上面的手臂适当用力来帮助稳定,往天花板方向抬起头、肩和下侧手臂以及两腿,使你的身体形成像香蕉一样的半月形。

- 膝盖伸直
- 脖子拉长舒展
- 脸部放松
- 沉肩
- 肋骨避免凸出
- 收腹
- 双腿并拢

❸ 吸气,手臂和双腿有控制地下放,但不要把重心完全放回到垫上,重复抬起练习。
重复:4~6次。

动作变化

❶ 难度调整 1：调整骨盆起始位置，将上侧的髋骨向身后稍稍倾斜，以此来募集前侧更多的腹部运动单元来参与动作，要注意倾斜角度在提腿时必须保持不变，不能在练习时扭动身体。倾斜角度越大，则难度越是降低。

❷ 难度调整 2：稳定下肢保持在地面上，上侧手弧形画圈引导躯干的卷起练习，下侧手仍辅助支撑稳定。

❸ 难度调整 3：保持两腿稍稍离开地面抬高的位置，上侧手臂放在上侧大腿外侧。在呼气时，只抬高躯干，上侧手指沿着身体往脚的方向尽力延伸，下侧手仍辅助支撑稳定。

❹ 难度调整 4：稳定下腿稍稍离地，上侧腿外展抬高。然后稳定下肢做躯干的卷起练习，让上侧手指沿着上侧大腿外侧往脚的方向尽力延伸，下侧手仍辅助支撑稳定。

❺ 难度升级 1：减小双腿屈髋的角度，或将双腿和身体保持一直线。

❻ 难度升级 2：抬高两腿稳定在空中，上侧手弧形画圈引导躯干的卷起练习，让上侧手沿着身体往脚的方向伸直，下侧手仍辅助支撑稳定。

❼难度升级3：在卷起抬高时，上侧手弧形画圈引导躯干的卷起练习，下侧手臂跟着躯干同步离开地面，不做稳定和支撑的辅助，挑战你的核心稳定极限。

想象技巧
❶在动作练习中，始终保持髋部轴心稳定，想象有一根标杆由上而下穿过你的髋部。
❷提起、放下动作应连贯流畅，想象你的腿像羽毛一样的轻，飘上去飘下来。

注意事项
❶保持两头提起和放低始终同步。
❷下侧手若辅助支撑稳定，必须注意仍需以核心的力量来引导控制动作。
❸如侧面的髋部疼痛，用适合自己的难度调整动作进行练习。如果仍感到不舒服，就略过此练习。

小贴士 这个动作练习的秘诀不在于你两头抬得多高，而在于控制髋部保持稳定，以及在正确的呼吸配合下，想象以腰腹部核心的力量向内积聚将两头拉起来。

7）骨盆卷动

十月怀胎，一朝突然"卸货"，体重和身体重心突然发生变化的同时，产后妈妈还要面临哺乳以及日常的抱起和放下宝贝的"高频度运动"。拥有有力的背部和臀部肌群才不会被随之而来的哺乳期腰痛所困扰，而脊柱的灵活性训练也可以预防或缓解产后妈妈腰背的僵硬。

"骨盆卷动"是经典徒手训练"桥"（Bridge）系列动作之一，在练习"骨盆卷动"之前，我们建议初次练习的产后妈妈可以先在仰卧位做几次"骨盆后倾"（Pelvic Tilt）练习找到骨盆启动的正确感觉。对于腰背部僵硬的产后妈妈，这是一个非常好的脊柱保养的动作，能够有效改善脊柱的僵硬，提高脊柱的灵活性和力量，避免在产后日常生活中出现脊柱周围代偿性的肌肉用力。

益处：产后体形的恢复，提高脊柱灵活性和力量，有效改善脊柱的僵硬，强化背伸肌群和臀肌等，预防和缓解产后腰痛。

动作步骤

❶ 仰卧，弯曲膝盖90°，双腿分开至与臀部同宽，双脚平放于地面，脚掌放松。双手置于身体两侧。保持脊柱自然中立位。

❷ 吸气，保持身体不动；呼气，收缩腹部，将肚脐拉向脊柱，引领骨盆做出后倾动作，抬高耻骨。

❸ 继续呼气，同时向上逐节卷动脊柱，直至身体从膝盖到肩膀成一条直线。

❹ 吸气，保持身体不动；呼气，放松胸骨和肋骨，慢慢地反方向逐节返回至起始动作。

重复：4~8次。

动作变化

❶难度升级：抬起双手，与身体成90°，肘和肩部放松，完成动作练习。

❷辅助器材1：身体躺在泡沫轴上，完成动作练习。

❸辅助器材2：双脚踩在普拉提健身球上，完成动作练习。

❹辅助器材3：双腿膝盖之间夹一个魔力圈或普拉提小球，以协助身体核心向内收缩。

❺辅助器材4：双手握住魔力圈向内稳定施压，抬起双手保持不动。

❻辅助器材5：躺在泡沫轴上，同时脚踩在泡沫轴上，闭眼进行练习。

若能熟练地按要求完成动作练习，以上变化可以相互结合，迅速使动作难度升级，以挑战身体核心稳定性。

想象技巧

❶在动作启动时，想象有一股能量从核心启动，将腹部往内拉，继而抬高耻骨，并沿逐节脊柱向上波浪式蔓延，把身体推起来。

❷在抬高身体时，想象你的膝盖前侧装有两个汽车头灯，两束光射到对面的墙壁上，然后膝盖向前拉，两束光由斜射而慢慢变直。

❸在下放还原时，先设想你的胸骨慢慢地融化下落，接着逐渐向下蔓延，直至落回到原位。

注意事项

❶双脚平均用力受重，膝盖与脚尖方向一致。在卷起脊柱抬高臀部时膝盖容易向外打开。

❷逐节卷动脊柱，避免身体一整片地抬起和下放。

小贴士

这是一个很好的脊柱保养动作，与其说这是脊柱力量的强化训练，不如说是这个练习可以更多地让你的脊柱每一个关节恢复弹性和活动度。这个动作的重点是呼吸的配合和脊柱的节段性运动。

8) 美人鱼侧伸展

恢复怀孕前的美好身材不但是需要拯救两侧的"救生圈",而且此动作训练还能有意外收获——预防和缓解产后的腰痛。

动作步骤

❶采取坐姿,然后左腿屈膝,让脚跟靠近大腿根部,右腿髋关节内旋屈膝,将脚放于身体后侧靠近臀部的位置,尽可能保持两侧坐骨平衡地压在地面上[在普拉提里,我们把这个姿势称为"美人鱼坐姿"(Mermaid)],让双手自然垂落在身体两侧。

❷吸气,从身侧抬起右手,向左侧伸展,要保持臀部重心不变,尽可能让侧肋部展开。

❸呼气时,身体向内侧旋转,尽可能保持骨盆稳定,视线转向下。

❹吸气,让右手回来握住右侧小腿胫骨外侧或脚踝处,左手握住右膝盖。然后,呼气时身体向右侧反方向伸展,身体向内旋转,视线向内向下。

动作变化

❶两侧不加入旋体动作,只做侧方向的伸展。

❷将双腿改为上下交叠,置于身体一侧。

❸辅助器材:在身体一侧加入泡沫轴,辅助伸展。

目标 伸展躯干侧面及背部、背阔肌、腰方肌等。

重复次数:两侧方向各 2～4 次,再交换腿部方向。

伸展方法:动态伸展。

注意事项

❶收腹,骨盆保持稳定。

❷在手臂伸展时,避免耸肩。

❸身体在一个冠状平面伸展。

9）大风车

腰部的僵硬和肩颈部位的紧张是产后妈妈们常见的情况。在"大风车"的整个练习过程中，要求以核心带动肩膀和手臂。在舒服的前提下，尽可能使手贴近地板，配合呼吸尽量使练习过程流畅而协调。这个练习可以放松肩带区域，提高肩胛的活动性，以及脊柱、肩膀、手臂和头部的协调性。

动作步骤

❶屈膝侧卧，两手臂向身体前面伸直。

❷吸气时，让上面的手臂往前方滑出去，超过下面的手臂，身体随之顺着往前旋转。

❸呼气，身体往后旋，带动上面的手臂绕过头部往后画弧，直至手臂指向身体后侧，目光向后看手指方向。

❹吸气，保持不动。呼气，收拢身体，带动手臂滑回原位。

重复：3~6次。

10）仰卧抱膝

十月怀胎，在短短几个月内孕妈妈快速增加的体重全部放到了腹部，体重的增加和重心的改变会让腰椎和后腰侧的肌肉承受更大的压力。而腰部后侧的肌肉也往往由此变得紧张和僵硬。新的生命降生，终于到了产后阶段，而哺乳和抱孩子这些动作也会让腰部肌肉负担增加。由于仰卧抱膝具有较高的安全性，动作简单易学，因此对于产后的新妈妈们来说是一个非常好的随时随地可以放松下背部的动作。

动作步骤

❶仰卧，双膝弯曲，双手抱住膝盖，或在膝盖后侧手指相扣，将膝盖拉向胸口。

❷也可以加入轻轻的左右摇晃，按摩背部脊柱以及两侧的肌肉和神经。

❸均匀深长地呼吸，保持放松。维持20～30秒，或者更长的时间。

小贴士

看起来简简单单的动作，实际上里面还是很有讲究，产后的新妈妈们在双手抱住膝盖拉向自己身体的时候，一定要注意始终将骶骨保持和地面的相互接触，否则效果就会大打折扣。

05 颈椎病

颈椎的活动度较大，相对稳定性较差。过度使用电脑和长期伏案工作等极易导致颈椎病。颈椎病往往是由于颈椎椎体或椎间盘发生退行性改变及继发性改变后刺激或压迫脊柱神经根、颈部脊髓、椎动脉或颈部交感神经而引起的。症状有颈部或手臂放射性疼痛、眩晕、头痛等。

◆ 普拉提运动的益处

❶ 活动脊柱和颈椎关节，促进颈椎区域血液循环，消除瘀血水肿。
❷ 牵伸颈部韧带，放松痉挛肌肉，减轻颈椎病症状。
❸ 强化颈部肌肉，改善颈椎的稳定性，增强其对疲劳的耐受能力，从而巩固治疗效果。

◆ 注意事项

❶ 遵从医嘱。在症状急性发作期宜局部休息，不宜增加运动刺激。
❷ 有较明显或进行性脊髓受压症状时禁止运动，特别是应避免颈椎后仰运动。
❸ 颈部活动幅度要因人而异，适当控制。运动节奏宜轻柔缓慢。

◆ 普拉提针对性练习

以下普拉提练习动作能够充分伸展脊柱和颈椎，活动颈椎关节，预防或缓解颈椎病。

> 生活中的姿势训练

包括肩颈伸展和放松，以及颈肌强化。

> 普拉提动作

请参照随书赠送的视频文件开展练习，也可以参照本节精选的 10 个动作进行有针对性的练习。

1）背壁站立

很多人外貌普通，但总是让人感觉神采奕奕，很有气质。实际上，很大一部分奥秘在于他们身体拥有很好的Alignment，即"骨骼排列"，换上一个大家熟悉的名字就是：姿态。良好的"骨骼排列"除了让人感觉赏心悦目，也会让脊椎之间的力学关系更加趋向合理和稳定，减小肌肉的额外负担，大大减小颈椎病的发病概率。

姿态决定状态，良好的姿态是一切效果卓著的功能性训练的前提，糟糕的身体姿态一方面是肌肉的张力失衡导致；另一方面，长期的习惯性错误姿势令大脑逐渐形成的固化姿态模块也是阻碍你拥有优雅气质的顽固的敌人。

这个练习往往作为纠正姿态的基础练习，通过墙壁给身体的压力反馈，让身体觉察到脊柱和骨盆是否处于中立位置，继而找到自己中立位的正确感觉。

目的

找到身体各部分的中立位置，形成正确姿态的肌肉记忆，平衡身体中轴的肌张力水平。

练习方法

背部靠墙站立，双脚呈"普拉提站姿"，脚跟离墙壁大约20厘米，身体后脑、上背部和骶骨均触及墙面，微微收颏，颈部后侧肌肉沿墙壁向上拉长，肩膀放松下沉，提臀收腹，为形成肌肉记忆，可以视情况停留稍长时间。

动作步骤

❶ 髋关节微微内旋，让脚尖向前，呈"平行站姿"。
❷ 在熟练动作练习后，可以离开墙面，但保持身体位置依旧像靠着墙壁一样。

想象技巧

头部靠于墙上，可以想象有一根绳子将你的头顶心拉向天花板。

注意事项

❶ 挺胸，但避免塌腰和肋骨外翻。
❷ 在保持自然呼吸非常自如后，可尝试进入普拉提的"横向呼吸法"。
❸ 背部向墙壁方向稍稍后压，颈部或肩膀若有问题，可将头部稍稍离开墙壁。

2）肩颈伸展和放松

如果你需要长时间坐着工作、学习，或是操作电脑，以娱乐身心，就会非常容易引起肩颈部的肌肉紧张。这个时候，以下这个练习可以帮助你舒展和活动颈部周围的肌肉，缓解紧张感。注意在练习时要保持背部挺直，收腹，脊柱处于自然中立位，伸展时尽量保持深长的呼吸。

动作步骤

❶面向前方，将右手放于背后并伸向左侧，头部缓缓向左侧倾斜，在感到稍有紧张感的地方停住，然后将右侧的肩膀稍稍下沉，直到感到颈部一侧完全伸展。在停留10～20秒后，交换另一侧。

❷肩膀放松，将头慢慢转向一侧，停留在最远的位置。保持10～20秒后，交换另一侧方向。

❸头微微往下，让下巴内扣，靠近锁骨，直至感到颈后侧有拉伸的感觉（可以想象要迭出一个双下巴来），保持10～20秒。如果感觉不明显，则可以让手指末端弯曲在头后侧稍稍施压，注意切勿猛然用力。患颈椎病者谨慎练习或避免练习此动作。

❹坐直，沉肩，头部慢慢后仰，想象有一根绳子拉住下巴向上抬高，直至感到颈部前侧有伸展的感觉（注意颈部前侧的伸展，不要挤压颈椎后侧）。如果颈部感到不适的话，则可以将双手紧贴放在颈部后侧，并向前稍稍施压，以保持颈椎后侧的固定，双手让颈部后侧留有一定的空间，避免颈椎直接向后弯曲。做此动作时保持10～20秒。患颈椎病者谨慎练习或避免练习此动作。

❺采取站姿或坐姿。吸气，同时耸起肩膀，尽量让肩膀靠近耳朵。在呼气时，慢慢下沉肩膀，尽力让肩膀远离耳朵，并体会肩膀放松的感觉。可以重复数次。

❻绕肩动作，可以与以上的提肩和耸肩动作交替进行。配合呼吸，由后绕向前。吸气时，由后绕到肩膀耸起的最高点；呼气时，继续向前绕回到肩膀沉下的最低点。重复4～6次后，反方向绕行。吸气时，由前绕到肩膀耸起的最高点；呼气时，继续向后绕回到肩膀沉下的最低点。重复4～6次，在最后一次，要尽量试着拉长肩膀和耳朵的距离。

3）颈肌强化

颈椎由 7 块小小椎骨构成，它没有腰椎那样的大块头，它也不像胸椎那样两侧有肋骨联结稳定其结构形成胸廓，它只是孤零零地矗立在胸廓的上方。

颈椎重心较高，远离足部这个人体的地基而位于整个人体的高位，更要命的是脆弱的颈椎上面还顶着一个重量不轻的大脑袋。当我们身体运动或头部本身产生各种动作的时候，颈椎除了依靠本身的联结结构"维稳"之外，可以依赖的就是颈椎周围起到稳固作用的肌肉群了。颈椎稳定性肌肉的"失职"或"罢工"，引发的后果往往就是颈椎的负担增加，继而引发各种症状。

颈肌的锻炼能够促进颈椎周围的血液循环，增强局部供氧状况，平衡颈椎周围肌肉的张力，强健颈椎周围的保护性肌肉群稳定颈椎，能有效缓解和预防颈椎病。

动作步骤

❶ 采取站姿或坐姿，挺直背部，头颈部保持中立位，将双手放在前额处，收拢下巴，好像要逼出一个"双下巴"来，同时双手施加同样的力量做对抗，保持 15~30 秒。

❷ 双手十指交叉抱在颈后，向前施力，同时头部向后用力相互抵抗。先保持静态抵抗不动，然后保持抵抗的前提下，头做缓慢的前屈和后伸运动。将此动作重复 6~10 次。

❸ 用右手掌托住头右侧。头向右做侧倾，手掌同时施加相同的力量做抵抗，保持 15~30 秒。然后交换另一侧。

4）双手画圈

多数颈椎病患者颈椎和肩带的稳定性都会出现下降，此动作强调躯干核心和肩带保持稳定，手臂避免僵硬的绷直。"双手画圈"看似简单，看起来是手的动作，而实际上练习重点并非如此。很多初学者往往只注意"形"的演练，忽略了躯干和骨盆区域的稳定。切记开始不要做得太快，在理解动作后，再注意加强呼吸的配合。

目的

学习如何使用核心肌肉来控制自己的中立位，并通过中立位前提下的上肢运动，发现自己的上肢活动范围。

动作步骤

❶"背壁站立"站姿，两肩放松下沉，微微后压靠近墙面，双手自然放松。

❷吸气，保持身体靠墙的前提下，慢慢向前向上举起双臂。

❸呼气，双臂慢慢由两侧放下还原。

重复：3～6次。

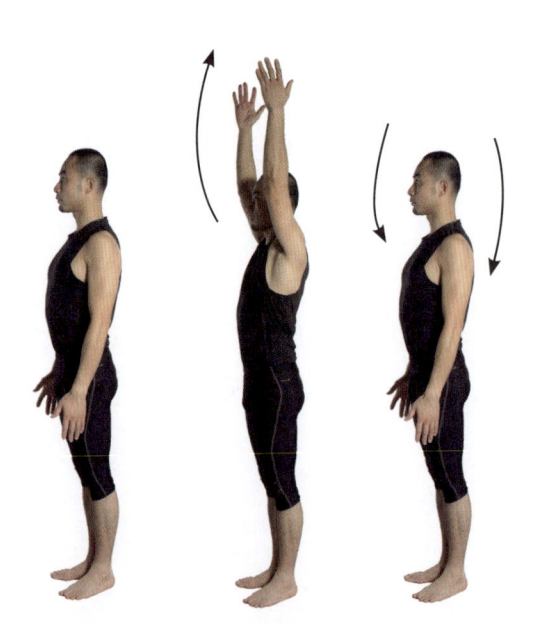

动作变化

❶保持"背壁站立"站姿，离开墙壁，完成同样动作。

❷改变画圈轨迹：双手由两侧慢慢起来，向前慢慢放下或直接沿两侧慢慢放下。

❸仰卧位置练习，要求同上。

想象技巧

❶手臂向上抬起时，肩膀放松，想象双手手腕上分别系着两个氢气球，由气球的上浮力量带动手臂慢慢提起。下放时，感觉气球逐渐泄气，手臂随之慢慢下沉。

❷想象你是一个具有优雅气质的芭蕾舞演员，保持头颈始终向上拉长，沉肩，收腹。

❸想象躯干的骨盆区域以上部分已经被水泥浇固在墙面或地面上，只有手臂可以灵活滑动。

注意事项

❶手臂画圈幅度避免过大，始终保持脊柱中立位。

❷注意动作和呼吸的配合及协调。

❸肩关节有问题者减小画圈幅度。

5）向下卷动

脊柱是一个整体，促进脊柱的稳定和灵活性是改善颈椎问题的重要基础。这是一个站立位的连贯性的动态伸展动作。如果你感到某个位置比较僵硬，你就在这个位置停留，做静态伸展并保持一会儿。如果你经常伏案，或是清晨醒来时常感到颈背部僵硬，那么练习此动作可以迅速调节你的颈肩背部区域的肌肉紧张度。练习时要求调动核心，控制"脊柱的逐节运动"，逐步拉伸每一个脊柱关节；而当向上运动时，则需要反方向逐步还原。

对于颈椎病患者，这可以作为一个很好的日常保养练习。

动作步骤

❶ 直立，两腿分开与肩同宽，两肩放松下沉，双手自然放松。

❷ 吸气，头向上顶，感觉脊柱更加拉长一些；呼气，身体开始启动下卷动作。首先低下头，让下巴靠近身体，然后放松双肩，两臂放松自然垂于身体两侧的稍前方。收腹，骨盆向上提。继续向下卷动，膝盖可以稍稍弯曲放松，脊柱逐节下落，头部和肩膀完全放松，两臂自由垂落。

❸ 吸气，身体开始向上运动，收腹，启动核心力量，脊柱逐节被拉动到起始位置。

目标 伸展背部以及脊柱的每一个小关节。
重复次数：4～6次。
伸展方法：动态伸展。

注意事项

❶ 骨盆保持稳定。
❷ 肩膀和手臂放松。
❸ 以腹部为核心启动动作。

6）垂立松颈

对于现代人，尤其是办公一族，长时间地保持一个姿势，极易造成肩部和颈部肌肉紧张。这个练习能够迅速放松颈部周围的肌肉，缓解颈椎的压力。

动作步骤

❶分腿站立，低头，然后向下卷曲脊柱，膝盖随之自然弯曲，直至双手落在脚面或地板上，头顶中心指向地面。

❷放松脖子，轻轻左右摇动头部，直至感到头部的重量。接着慢慢晃圈，感觉颈部区域的放松。

❸脊柱逐节卷动向上，回到站姿。

注意事项

❶头颈部越放松，就会感到头部的重量越大。

❷低头和起身抬头须慢慢过渡。对体位变化敏感的人谨慎练习或略过此练习。

❸高血压、脑血栓和有中风史的练习者略过此练习。

小贴士

这也是一个自我检测的动作，质量好的肌肉应该是既有力量，也可受神经支配随意控制和放松的。如若在执行此动作时，你感觉不到头部重量的下垂，那就说明你的肩颈部的肌群已经到了极其紧张难以放松的地步。把注意力集中，坚持习练，反复多次后，控制和放松能力就会逐渐增强。

7）四足游泳

颈椎上面托住了沉重的头部，和复杂的头部活动形成运动整体，而下方又和胸廓部及肩带相联结；除此之外，在运动中它还会受到脊柱的底座——骨盆的动态影响，以上各个环节在力学关系上相互影响。"四足游泳"需要身体保持头颈部、脊柱和骨盆的中立位，专注于凝聚核心力量，有效地协调神经和深层肌肉来控制在各步骤转换过程中的动态平衡。在伸展四肢的过程中脊柱和腰盆处要稳定，肩胛骨保持下沉，避免耸肩，始终保持动作中的控制。

益处：此项练习能够培养脊柱整体中立位意识，增强头颈部、肩带和骨盆的动态稳定性。

动作步骤

❶ 四足支撑，手臂和双腿垂直于地面，保持脊柱处于自然中立位。

❷ 吸气，将左腿向后延伸，然后抬高到髋部的高度，不要改变后背的姿势。同时抬起右手向前延伸，不要改变肩的姿势。

❸ 呼气，收缩腹部，将左腿和右手同时收回。

重复练习，交换对侧的手臂和腿部向两侧伸展。

重复：每侧各 4～8 次。

想象技巧
❶想象手臂和对侧的脚向两个方向延伸对拉。
❷想象你的腰骶上方有一杯热茶,在抬起手臂和延伸抬高腿部的时候不要让它倒翻。

注意事项
❶练习时肩膀和臀部避免左右摇摆重心。
❷稳定核心,专注于把手和脚向两侧延伸而不是抬高。

动作变化
❶改变呼吸节奏:更有助于核心稳定的呼吸配合——呼气时延伸手臂和对侧腿部;吸气时,收回对角的手臂和腿部。
❷难度调整1:保持腰盆稳定,手臂不动,只做腿部的伸展动作。

❸难度调整2:保持腰盆稳定,腿部不动,只做手臂的伸展动作。

❹辅助器材:把泡沫轴放在脊柱上方,不要影响泡沫轴的位置,完成动作。

8）天鹅宝宝

长时间的电脑操作、驾车、久坐伏案，以及越来越多的智能化手机的普及和高频度的应用，使很多现代人造成头部前引、圆肩、弓背等体态。背伸练习是一个非常有针对性的反向平衡动作，规律练习必会收到神奇的练习效果。"天鹅宝宝"是普拉提背伸动作的基础练习，也被视为另一个背伸练习"蛙泳式"的预备动作，所以它也称为"Breaststroke Prep"（蛙泳的预备练习）。

益处： 强化颈椎后伸以及背伸肌肉群，提高头颈段和脊柱的伸展能力，并有助于增加骨盆和肩胛骨的稳定性。

动作步骤

❶俯卧，双手置于肩膀两侧，肘关节往外，将前臂呈"八"字分开，两腿分开与髋同宽。

❷吸气，伸长颈椎和脊骨，肩膀继续下沉，收缩腹部，同时集中后背部的力量抬起上半身伸展背部，头部和颈部保持在一条弧线上。

❸呼气，收缩腹部，身体继续向远端延伸，同时有控制地将躯干放低回到垫上。

重复：4～8次。

动作变化

❶ 改变呼吸和动作节奏：吸气时，保持身体静止；呼气时抬起上身；再吸气，在顶端停留；呼气，慢慢下放。

❷ 难度升级1：打开肘关节角度，使肘关节屈曲约成90°。

❸ 难度升级2：将肘关节靠拢身体，在身体抬高和下放时分别加入肩胛下压回拉和上提前耸。

❹ 难度升级3：将两手向后贴于两大腿外侧。

❺ 难度升级4：在身体抬起时或抬起后，将两臂抬高。

❻ 辅助器材：双腿之间夹住普拉提小球，向内均匀施压，以增强核心向内收缩的本体感受。

想象技巧

❶ 忘掉双手的支撑（尽管双手掌会微微下压），从核心躯干开始抬起身体、伸展背部而不是从手臂开始。

❷ 每一次抬高尽可能设想自己的脊柱延长，启动动作时想象你是一只海龟，把头向前延伸。

❸ 想象俯卧在沙滩上，每一次下放，都尽力让自己鼻子留下的印记向前延伸多一点。

❹ 髋部和两腿紧紧贴着垫子，想象大腿和骨盆被牢牢粘在地板上。

注意事项

❶ 不要追求抬起的高度，避免从腰部折叠身体。

❷ 练习中始终由深层核心向内收缩提供稳定，臀肌不需过分收紧。

❸ 要注意在抬起上身时，尽量避免用双臂来作为主要支撑点。

❹ 腰背痛者更需收紧腹部核心，并减小下背部的伸展幅度，仍感不适则略过此练习。

❺ 当身体抬高时，若感觉耻骨压痛，则应加厚训练垫或使用专业普拉提垫。

❻ 椎管狭窄者谨慎练习或略过此练习。

9) 蛙泳式

肩颈是一家，稳定的肩带结构和胸廓结构，将为颈椎的活动动态稳定性提供结构性基础。"蛙泳式"将挑战你在身体背伸时的核心稳定性，除了加强我们身体后背及下腰部的力量，还有助于伸展脊柱打开肩膀。在练习中双腿和骨盆要保持固定，一定要注意收紧腹部，避免塌腰挤压腰椎。

益处：稳定肩胛，伸展脊柱，打开肩膀和前胸；收紧腰腹部，尤其有助于背部伸展肌肉，预防和辅助治疗颈椎前引和下背痛。

动作步骤

❶ 俯卧，双手屈肘放在肩的两旁。

❷ 呼气，同时手臂向前延伸，但避免耸肩。

❸ 吸气，打开两手，手心向后，如同蛙泳中的推水一样，同时抬高头和肩膀，体会脊柱中轴延长。

- 避免向后仰头
- 脊柱向前延伸
- 不要塌腰
- 沉肩
- 收腹，肚脐拉向脊柱

④先弯曲收拢肘关节，呼气时，手臂再次向前延伸，头部和身体向前延长放低，但不要完全落到地板上。

重复步骤③和步骤④，结束后，回到俯卧位。
重复：4～8次。

动作变化

❶难度调整：如果肩膀感觉紧张或下背部感觉压力较大，手臂延伸时可以不用伸直。

❷难度升级1：在整个练习过程中，上身始终抬起，保持高度不变。

❸难度升级2：双腿保持抬起，进行练习。

想象技巧

❶想象你的髋部和大腿已经被强力胶粘在地板上了一样，保持稳定。
❷想象你在游泳，手臂向后推水，身体尽力抬高，好像要将头露出水面换气，但避免仰头。

注意事项

❶保持脊柱自然延伸，尾骨内收，避免以塌腰来换取脊柱的伸展。
❷如果颈椎或肩膀感觉疼痛或不适，可使用动作变化❶来进行练习。
❸椎管狭窄者或下背部受伤者谨慎练习或略过此练习。

10) 坐姿脊柱旋转

脊柱是一个由 26 块骨头构成的功能整体，旋转是我们平日频度很高的活动动作，如果下节段的灵活性下降，上节段颈椎则需要过度代偿。"坐姿脊柱旋转"也称"螺旋十字"。顾名思义，在练习时要求骨盆这个底座保持稳定，身体像拧螺丝一般从躯干的核心流畅和缓地扭转。通过中立位脊柱旋转，同时想象向上延展身体，伸展每一个脊柱小关节间的空间。

益处：培养旋转时的头颈部中立位意识，灵活脊柱，增加脊柱在水平面的旋转能力。在保持脊柱向上伸展的同时学会肩颈部的放松。

动作步骤

❶ 身体坐直，脊柱向上伸展，两腿并拢往前伸直，脚尖向上。手臂伸直往两旁打开，向两侧自然延伸，掌心向下。

❷ 用鼻式呼吸吸气；呼气时，身体从脊柱底部开始向右边扭转。快速扭转两次，在第二拍时尽力再推进多一点。在旋转时骨盆保持稳定，双腿不要前后移动。

- 沉肩
- 头顶向上虚顶
- 双臂在练习中始终保持一条直线
- 脊柱中立位
- 脚尖向上
- 从腰部开始转动
- 双腿并拢避免前后移动
- 腹部收缩

❸ 吸气，旋转回到开始的位置。继而呼气转向另一侧。

重复：4 ~ 8 个回合。

> 动作变化

❶改变动作节奏：呼气时只转动一次。

❷难度调整1：如果腘绳肌太紧或背部虚弱而不能坐直的话，将两腿稍稍分开，稍稍弯曲膝盖。

❸难度调整2：肘关节稍稍弯曲，沉肩，掌心向前。

❹辅助器材：坐在泡沫轴上方进行练习。

> 想象技巧

❶想象你的臀部和两腿被凝固在水泥里，当身体躯干扭转的时候，保持下半身完全稳定。

❷想象你的两脚被粘在对面的墙上，所以两脚无法前后移动。

❸每一次扭转和回原都尽力向上拔长身体，想象自己长得更高了。

> 注意事项

❶如果肩膀有问题或感觉不适，可以动作变化❸来减轻肩部的紧张感。

❷在每一次扭转时，要让呼气尽量彻底。

❸若下背部受伤或腘绳肌太过紧张，可以结合动作变化❷和❹来降低难度。

06 肥胖

肥胖常常容易导致冠心病、高血压、高血脂、关节炎等，更是糖尿病的直接影响因素。常见的肥胖通常是由办公室久坐的工作方式、缺乏运动、饮食无节制、遗传因素、服用某些药物等因素导致的。

◆ 肥胖的自我评估

计算体重指数：BMI= 体重（千克）/身高（平方米）。

根据亚洲标准，比较理想的数值是18.5~22.9。如果大于23，则判断为超重，大于25，则为肥胖。

普拉提练习能够帮助燃烧多余脂肪，加速身体代谢，具有理想的瘦身减肥作用。更值得一提的是，由于普拉提训练具有明显的收紧功效，所以通过它我们可以做到瘦身和塑形一气呵成。如果你的肥胖指数较高，那么可以适当增加有氧训练，以配合普拉提练习。例如结合每周3次的慢跑，以加速减轻体重。将有氧训练与普拉提运动结合起来，以达到减肥的目的的这一做法在近年来非常流行。

◆ 普拉提运动的益处

❶ 加速身体代谢，燃烧更多的身体脂肪。

❷ 减轻体重，同时收紧松弛的部位。

❸ 改善身体姿态，巩固减肥效果。

◆ 注意事项

❶ 在计划开始前的准备期需要了解普拉提运动的原则，保证动作的正确性。

❷ 在掌握正确的动作后，可以适当加快动作的节奏和速度。

❸ 减小动作之间的间歇时间，保持动作之间的连贯性。

❹ 适当增加练习时间和频率，每次动作练习不少于30分钟，且每周至少练习3次。

❺ 适当地控制饮食。

❻ 如果已经患有与肥胖相关的慢性病，例如冠心病、高血压、关节炎、糖尿病等，则请遵从医嘱。

◆ 普拉提针对性练习

生活中的姿势训练

参见第一章中的第三节。

普拉提动作

请参照随书赠送的视频文件开展练习，也可以参照本节精选的10个动作进行有针对性的练习。

1）美人鱼侧伸展

"美人鱼侧伸展"不但能够消除两侧的"救生圈",恢复怀孕前的美好身材,而且还能有意外收获——预防和缓解产后的腰痛。在正式练习前,先做简单的热身,将腰腹部两侧伸展开。

动作步骤

❶采取坐姿,然后左腿屈膝,让脚跟靠近大腿根部,右腿髋关节内旋屈膝,将脚放于身体后侧靠近臀部的位置,尽可能保持两侧坐骨平衡地压在地面上[在普拉提里,我们把这个姿势称为"美人鱼坐姿"(Mermaid)],让双手自然垂落在身体两侧。

❷吸气,从身侧抬起右手,向左侧伸展,要保持臀部重心不变,尽可能让侧肋部展开。

❸呼气时,身体向内侧旋转,尽可能保持骨盆稳定,视线转向下。

❹吸气,让右手回来握住右侧小腿胫骨外侧或脚踝处,左手握住右膝盖。然后,呼气时身体向右侧反方向伸展,身体向内旋转,视线向内向下。

动作变化

❶两侧不加入旋体动作,只做侧方向的伸展。

❷将双腿改为上下交叠,置于身体一侧。

❸辅助器材:在身体一侧加入泡沫轴,辅助伸展。

目标 伸展躯干侧面及背部、背阔肌、腰方肌等。

重复次数:两侧方向各 2～4 次,再交换腿部方向。

伸展方法:动态伸展。

注意事项

❶收腹,骨盆保持稳定。
❷在手臂伸展时,避免耸肩。
❸身体在一个冠状平面伸展。

2）骨盆卷动

肥厚松弛的后背和臀部不仅仅是肥胖重灾区，还会额外增加腰椎的负担，种下腰背痛的种子。"骨盆卷动"是徒手训练中有代表性的"桥"（Bridge）系列的基础入门练习。在这个动作架构之上，我们可以设计出丰富的动作变化，或者借助普拉提的小器材，进一步提升挑战动作的难度。

多数超重或肥胖者身体会比较僵硬，我们建议初学者可以在练习"骨盆卷动"之前，先在仰卧位做几次"骨盆后倾"（Pelvic Tilt）练习找到身体正确的感觉。对于下腰部有问题的练习者，这还是一个非常好的脊柱保养的动作，能够有效改善脊柱的僵硬，提高脊柱的灵活性和力量，避免在日常动作中出现脊柱周围代偿性的肌肉用力。通过这个练习，你也可以更深入地理解什么是"脊柱的逐节运动"。

益处：收紧和强化背伸肌肉、臀部肌肉和大腿后侧腘绳肌；提高脊柱灵活性和力量，有效改善脊柱的僵硬，增强核心的控制力。

动作步骤

❶ 仰卧，弯曲膝盖90°，双腿分开至与臀部同宽，双脚平放于地面，脚掌放松。双手置于身体两侧。保持脊柱自然中立位。

❷ 吸气，保持身体不动；呼气，收缩腹部，将肚脐拉向脊柱，引领骨盆做出后倾动作，抬高耻骨。

❸ 继续呼气，同时向上逐节卷动脊柱，直至身体从膝盖到肩膀成一条直线。

❹ 吸气，保持身体不动；呼气，放松胸骨和肋骨，慢慢地反方向逐节返回至起始动作。

重复：4~8次。

第四章 特殊人群的普拉提训练方案

> 动作变化

❶难度升级：抬起双手，与身体成90°，肘和肩部放松，完成动作练习。

❷辅助器材1：身体躺在泡沫轴上，完成动作练习。

❸辅助器材2：双脚踩在普拉提健身球上，完成动作练习。

❹辅助器材3：双腿膝盖之间夹一个魔力圈或普拉提小球，以协助身体核心向内收缩。

❺辅助器材4：双手握住魔力圈向内稳定施压，抬起双手保持不动。

❻辅助器材5：躺在泡沫轴上，同时脚踩在泡沫轴上，闭眼进行练习。

若能熟练地按要求完成动作练习，以上变化可以相互结合，迅速使动作难度升级，以挑战身体核心稳定性。

想象技巧

❶ 在动作启动时,想象有一股能量从核心启动,将腹部往内拉,继而抬高耻骨,并沿逐节脊柱向上波浪式蔓延,把身体推起来。

❷ 在抬高身体时,想象你的膝盖前侧装有两个汽车头灯,两束光射到对面的墙壁上,然后膝盖向前拉,两束光由斜射而慢慢变直。

❸ 在下放还原时,先设想你的胸骨慢慢地融化下落,接着逐渐向下蔓延,直至落回到原位。

注意事项

❶ 双脚平均用力受重,膝盖与脚尖方向一致。在卷起脊柱抬高臀部时膝盖容易向外打开。

❷ 逐节卷动脊柱,避免身体一整片地抬起和下放。

3）肩桥预备

如果你能够轻松地完成前一个"骨盆卷动"的练习了，就可以进入本动作。"肩桥预备"在"骨盆卷动"的基础上加入了屈膝抬腿的动作，并需要时刻保持骨盆左右两侧的平衡及稳定，进一步提升练习的难度。

益处：增加骨盆的稳定性，强化臀部肌肉和腘绳肌，收紧臀围线和大腿后侧。

动作步骤

❶ 仰卧，保持脊柱自然中立位，并且屈膝90°，双腿分开至与臀部同宽，两腿保持平行，双脚平放于地面，脚掌放松，双手置于身体两侧。

❷ 吸气，保持身体不动；呼气，收缩腹部，引领骨盆后倾，抬高耻骨，向上逐节卷动脊柱，直至身体从膝盖到肩膀成一条直线。

- 保持膝关节的角度
- 保持骨盆高度，避免骨盆左右倾斜
- 双手臂紧贴地面
- 肩部放松

❸ 吸气，保持骨盆稳定，膝关节的角度不变，屈髋提起右腿。

❹ 保持骨盆不动，呼气，慢慢放低腿部，交换另一侧腿部。

- 腰腹部收紧

在完成提腿重复次数后，逐节脊柱返回到垫上。
重复：4~6次。

动作变化

❶改变动作节奏：单侧屈髋抬腿重复4~6次，再交换另一侧重复。

❷难度调整：屈肘，以双手抵住髋部两侧，支撑骨盆。

❸难度升级：抬高双手，向上指向天花板。

❹辅助器材1：身体躺在泡沫轴上，完成动作练习。

❺辅助器材2：双脚踩在普拉提平衡盘、泡沫轴或健身球上，完成动作练习。

❻辅助器材3：双手握住魔力圈向内均匀施压，抬高双手。

❼以上动作变化也可相互结合运用，挑战核心力量的稳定性及协调能力。

想象技巧

❶想象整个躯干变成一个稳定的斜桥状固体，保持臀部的高度。

❷想象你的腰部下侧架着一枚针，小心不要让针扎到你。

注意事项

❶腰腹部收紧，稳定骨盆区域，在腿部抬高和下放时始终保持臀部高度。

❷在下放腿部时，先从脚趾触地过渡到整个脚掌落回地板，再转移重心。

❸在腿部运动时，避免骨盆下沉或左右倾斜。

❹肘关节有问题或感到不适时，避免动作变化。

4）双腿伸展

腰腹部是超重或肥胖者最容易积聚脂肪的区域。在练习"双腿伸展"时，腰腹部需要持续收缩，你的头颈部很容易随着四肢的展开而后仰，在起初练习时可让同伴观察提醒。理想的动作应该保持躯干核心始终稳若磐石，当腿和手往两头伸展时，用最小的力量保持核心和头部。集中注意力，这个动作挑战你的身体腰腹部核心的力量以及协调性。

益处：收紧腰腹部，协调神经肌肉，提高骨盆的稳定性和核心的控制力。

动作步骤

❶ 仰卧，屈膝抬腿，卷起头肩部和上背部至肩胛下角触地，两手放在膝盖上方把两腿拉向靠近胸口。

❷ 吸气，保持上半身的弧线不变，双腿呈普拉提站姿，以60°往前斜线伸展，同时手臂往双耳方向向后打开，尽量伸展。

❸ 呼气，两腿收回到胸前，手臂从侧面扇形回到开始姿势，放在膝盖上方。

重复：6～10次。

动作变化

❶难度调整1：将身体保持仰卧于垫上，完成练习。

❷难度调整2：两手手指交叉支撑于头后，肘关节指向膝盖；打开肘关节向外伸展的同时伸展两腿指向天花板。此变化可以适当减轻脖颈部位的压力。

❸难度调整3：抬高双腿滑动的斜线轨迹，增加的角度越大，对于核心控制的要求就越低。反之则越难。

❹辅助器材1：普拉提小球垫在头颈部下方，减小颈部压力。

❺辅助器材2：用弹力带绕过双脚足弓，双手抓住两端，保持一定阻力，完成练习。

❻辅助器材3：双脚之间夹住普拉提小球或魔力圈进行练习。

❼辅助器材 4：双手握住魔力圈保持向内施压，抬高双手。

❽辅助器材 5：魔力圈套在脚踝外侧，双腿均匀外展用力，直腿放低进行"百次拍击"。

想象技巧
❶保持核心稳定，想象你的腹部上有一杯热饮料，不要让它溅出来。
❷幻想你的身体从头部到骨盆区域都成了固体，凝固不动，只有四肢可以活动。

注意事项
❶保持呼吸节奏的配合。
❷保持身体稳定、身体弧线，以及头和肩的高度始终不变。
❸颈部或肩膀有问题者，可用动作变化❶、❷或❹来进行练习。
❹腰椎间盘突出和骨质疏松者谨慎练习或略过此练习。

5）十字交叉

这个练习会让很多人有腹部"烧起来"的感觉，从腿部动作的滑动轨迹来看和另一个徒手练习"单腿伸展"一样沿着60°斜向来回伸展，只是在其腿部动作的基础上加入了躯干斜肌的侧转，从而进一步刺激到身体腹部的斜肌，更加挑战了你骨盆的稳定性和核心的控制力。初学者在开始练习时，动作应稍缓慢，注重精确、到位，熟悉以后可以更加流畅的节奏完成练习。

益处：强化腹部所有肌群，收紧腰腹部，伸展腿部，增强躯干的动态稳定性。

动作步骤

❶ 仰卧屈膝，两手放在头后，收紧腹部，头部和上半身卷离垫子，目光向前或看向腹部方向。

❷ 抬起双腿，呼气，伸直左腿往斜前方60°延长，同时将右腿膝盖往里收向胸部。身体向右侧转，右侧肩胛骨下角触地，胸廓朝向右膝盖，两侧的髋部都不离开垫子。

- 避免用手拉头部
- 腿部沿身体中心线向斜上方延伸
- 收腹
- 骨盆保持稳定，不要摇摆

❸ 吸气，下腹部和髋部保持稳定，回至中间，注意保持头部和肩背部的高度。呼气时，转动身体，同时交换另一侧腿部向斜前方伸展。

重复：交替5～8个回合。

- 肘关节打开
- 沉肩

动作变化

❶难度调整：在保持下腹部稳定的前提下，向上调整腿的滑动轨迹高度。向下放低则动作难度增加。

❷辅助器材：将一侧脚部放在健身球上沿斜线滑动，呼气时，身体转动向屈膝腿一侧，吸气回至中间。

想象技巧

❶想象腹部从肩到髋部有一个"X"线，在转动身体时，缩短一侧的斜线。
❷保持躯干稳定，想象你的腹部上有一杯热茶，在练习时不要让它溅出来。

注意事项

❶骨盆保持稳定，两腿需始终在一条斜线上滑动。
❷避免用手拉动头颈部转动，应以腰腹核心带动，以肩去尽力靠近对侧的髋骨。
❸身体回到中间过渡时，注意肩背部要保持原来的高度。
❹椎间盘突出或骨质疏松者谨慎练习或略过此练习。

6）侧卧抬腿 2

大腿内侧是常见的容易松弛肥胖的部位，"侧卧抬腿 2"更强调下肢和大腿内侧的收紧。其动作前提要点是收紧腰腹，固定躯干和骨盆区域，在稳定上侧腿之后，再进行下侧腿部上下的运动。

益处：提高躯干和骨盆在侧卧时的稳定性，收紧和加强大腿内、外侧肌肉以及臀部，收窄侧腹部。

动作步骤

❶ 侧卧屈髋，双腿向前与身体约成 30°上下交叠。肘关节支在垫子上，手在耳后支撑住头部，上侧手放在胸前支撑。保持肩膀、髋部都垂直于地面，双腿呈"普拉提站姿"。

❷ 吸气，上侧腿向上打开至约 30°，肩膀和髋部都要保持固定。

沉肩
脚跟接触

❸ 采用鼻式呼吸，快速连续呼气，上侧腿保持不动，下侧腿连续上提，让大腿内侧尽量向内挤压，和上侧腿的脚跟相互并拢。

完成连续有节奏的击打脚跟动作后，再慢慢放低双腿。

重复：两侧各重复连续击打脚跟 10～20 次。

上侧腿保持不动　收缩腹部　脖颈舒展
腿部尽量伸展延长
骨盆稳定，避免摇晃
上侧支撑手压向垫子
肘关节稳定支撑

动作变化

❶难度调整1：改变抬腿节奏——向上靠拢一次，接着双腿同时下放。可适当放慢速度，重复4~8次。

❷难度调整2：改变支撑手位——伸直下侧手臂，把头放在下侧手臂上。

❸难度调整3：调整骨盆起始位置——将上侧的髂骨向身后稍稍倾斜，以此来募集前侧更多的腹部运动单元来参与动作。要注意倾斜角度在提腿时必须保持不变，不能在练习时扭动身体。后倾角度越大，则难度越低。

❹辅助器材：双腿之间放入魔力圈，上侧腿向下连续施压。

想象技巧

❶想象在你的肩膀上有一杯咖啡，不要让它溅出来。
❷想象双腿就像一道门一样，上侧腿稳定不动，下侧腿部向上去与上侧腿合拢。

注意事项

❶在动作练习中，始终保持肩膀和髂部在同一直线上，避免身体前后扭动。
❷肩部较宽或颈部有问题的，如采用动作变化❷，可在头下面垫入一块毛巾以减小颈部压力。
❸髋关节有问题者，可减小动作的幅度或减小重复次数。

7）侧卧单腿画圈

由于调动了臀部以及骨盆区域的深层肌肉，很多初学者在练习次日，臀部肌肉会有从未有过的酸痛和收紧的感觉。"侧卧单腿画圈"看起来幅度较小，实际上训练重点更是凝聚核心区域来控制骨盆的动态稳定，画圈时注意从大腿根部使用整个腿部。

益处：收紧腰腹部和臀部，提高躯干和骨盆在侧卧时的稳定性，强化髋部外展和外旋肌群。

动作步骤

❶ 侧卧，髋部微屈，双腿向前与身体约成30°上下交叠。肘关节支在垫子上，手在耳后支撑住头部，上侧手放在胸前支撑。保持肩膀、髋部都垂直于地面，双腿呈"普拉提站姿"。

❷ 吸气，上侧腿由前往上顺时针画半圈；呼气，腿再往后往下画半圈回到原位。腿画圈的时候保持肩膀、躯干和髋稳定。

❸ 完成画圈次数后，以逆时针方向进行画圈练习。

重复：两腿两个方向各重复6～10次。

沉肩

腿部伸展延长
骨盆稳定，避免摇晃
脖颈舒展
收缩腹部
肘关节稳定支撑
上侧支撑手压向垫子

动作变化

❶ 改变腿位——将两腿由"普拉提站姿"变为"平行站姿"。当腿部成平行位置时画圈幅度会相应减小。

❷ 难度调整1：改变支撑手位——伸直下侧手臂，把头放在下侧手臂上。

❸ 难度调整2：改变支撑腿位——下侧腿屈膝来增大支撑平面。

❹ 难度升级1：改变圈的大小——在身体稳定、髋部允许的范围内尽可能画大圈。反之，减小画圈的幅度可减小动作难度。

❺ 难度升级2：改变支撑手位——双手手指交叉抱于头后，肘关节打开，在下面的肘关节上找到平衡支撑点。

❻ 难度升级3：挑战上下肢的动作协调，当腿画圈的时候，上面的手臂前后摆动。

想象技巧

❶ 想象在你的肩膀和髋上方有一杯咖啡，不要让它溅出来。

❷ 骨盆与地面垂直，保持腿部伸长，想象你上侧腿在墙上画圈。

注意事项

❶ 在动作练习中，始终保持肩膀和髋部在同一直线上，避免身体前后扭动。

❷ 肩部较宽或颈部有问题者，如采用动作变化❷，可在头部下面垫入一块毛巾以减小颈部压力。

❸ 髋关节有问题者，可减小动作的幅度或减小重复次数，仍感到不适者略过此动作。

8)蛙泳式

燃烧你的后背,"蛙泳式"将挑战你在身体背伸时的核心稳定性,并加强我们身体后背及下腰部的力量。在练习中双腿和骨盆要保持固定,一定要注意收紧腹部,避免塌腰,挤压腰椎,去想象找到延长感。

益处:收紧腰腹部,伸展脊柱,强化背部伸展肌肉,打开肩膀和前胸;稳定肩胛,并有助预防下背痛。

动作步骤

❶ 俯卧,双手屈肘放在肩的两旁。

❷ 呼气,同时手臂向前延伸,但避免耸肩。

❸ 吸气,打开两手,手心向后,如同蛙泳中的推水一样,同时抬高头和肩膀,体会脊柱中轴延长。

- 避免向后仰头
- 脊柱向前延伸
- 不要塌腰
- 沉肩
- 收腹,肚脐拉向脊柱

❹先弯曲收拢肘关节，呼气时，手臂再次向前延伸，头部和身体向前延长放低，但不要完全落到地板上。

重复步骤❸和步骤❹，结束后，回到俯卧位。
重复：4～8次。

动作变化

❶难度调整：如果肩膀感觉紧张或下背部感觉压力较大，手臂延伸时可以不用伸直。

❷难度升级1：在整个练习过程中，上身始终抬起，保持高度不变。

❸难度升级2：双腿保持抬起，进行练习。

想象技巧
❶想象你的髋部和大腿已经被强力胶粘在地板上了一样，保持稳定。
❷想象你在游泳，手臂向后推水，身体尽力抬高，好像要将头露出水面换气，但避免仰头。

注意事项
❶保持脊柱自然延伸，尾骨内收，避免以塌腰来换取脊柱的伸展。
❷如果颈椎或肩膀感觉疼痛或不适，可使用动作变化❶来进行练习。
❸椎管狭窄者或下背部受伤者谨慎练习或略过此练习。

9）康康舞

这是一个整体性动作，需要身体有一定的控制和协调能力。之所以名为"康康舞"，是因为这个动作的设计灵感来源于法国康康舞，在练习这个动作时可以想象自己是一名奔放的康康舞演员，做欢快而优美的踢腿动作。要注意踢腿时身体应该保持稳定，不要摇来晃去，应该让动作富有节奏感，双腿尽可能踢得高，动作越流畅，就会越感觉轻松。

益处：收紧腹部，尤其是下腹部。增加下肢关节的灵活性，美化腿部线条。正确的练习有助于增加核心力量以及协调能力。

动作步骤

❶ 弯曲膝盖，脚尖触地，挺直背，身体微微后靠呈"V"形坐姿坐在垫上。两手分开稍宽于肩，放在髋后的垫上支撑住身体躯干，手指尖稍稍向外指向斜后侧。

沉肩
避免超伸
收缩腹部

❷ 吸气，保持身体姿势不变，腰背挺直，两眼视线向前，将膝盖转向右侧，脚尖仍旧保持触地。

❸ 呼气，伸直膝盖，腿向斜侧方向踢出。

❹不要停顿，屈膝收腿。吸气，转动两腿，膝盖转向左侧。

❺呼气，让两腿向左侧踢出，伸直膝盖。重复步骤❷至步骤❺。

重复：两侧方向各6～10次。

动作变化
❶难度调整1：不做踢腿伸膝，只练习步骤❷屈膝转髋的部分。
❷难度调整2：弯曲肘关节来支撑住躯干，让重量在前臂上而不是在手上。
❸难度升级：在转动两腿时，同时将身体转向另一侧，尽可能增加身体躯干扭转的幅度。

想象技巧
想象身体倚靠在一棵大树上，保持身体稳定。

注意事项
❶身体"轴心盒子"保持完全稳定方正，踢腿动作保持流畅连续。
❷踢腿时，不要让大腿往中间收拢，膝盖应该在原来的位置伸展。
❸伸直手臂，但避免肘关节锁死超伸。
❹如果肩部或手腕有问题的话，可以用动作变化❷来调整。
❺下背部、髋屈肌群和骶髂关节受伤者避免此动作。

10）俯身撑起

耗能是减肥的关键，"俯身撑起"是一个贯穿全身的动作，与传统简单的俯卧撑相比，正确的普拉提式的"俯身撑起"不只是一个锻炼胸和手臂的动作，它要求整个头颈部、脊柱躯干保持中立位，双臂紧贴躯干，身体和双腿始终成一直线，即使身体放低时肩胛骨之间还必须保留一定空间，这迫使躯干、腰腹部和肩胛周围的深层肌肉统统调动起来，来辅助动作的正确和稳定。

益处：收紧腰腹部和强化全身的肌肉，促进核心和肩胛骨的稳定以及腰盆的稳定。

动作步骤

❶ 站在垫子的末端，脊柱和骨盆处于自然中立位，并拢双腿，双手臂自然垂落指向地面。

❷ 吸气，体会身体向上延伸。呼气，下巴靠近胸口，接着从脊柱的最上端开始往下卷，一直卷到你的手碰到垫子，将手掌放在垫上。

❸ 手顺着垫子往前走，直到手腕在肩膀的下方，身体从头到脚是一条直线。腹部收紧，收臀，呈"俯卧撑"姿势，脖颈拉长，目光视线向下。

上臂贴紧身体　脖颈拉长
臀部收紧　不要翘臀
收腹　视线向下

❹吸气，保持躯干挺直，慢慢弯曲肘关节，放低身体。呼气，伸直肘关节，撑起身体还原。连续做3次俯卧撑，注意上臂贴近身体，肘关节指向后方，肩胛保持稳定。

❺当完成最后一次撑起后呼气，伸直肘关节，手掌前推，重心向后移动，尾骨向上顶，身体呈一个倒转的"V"字，脚跟压向地面。

❻双手手掌交替爬行回到身前，再收缩腹部，带动逐节脊柱舒展卷回到起始位置。

重复：3～5组。

动作变化

❶难度调整1：略去下沉撑起的环节，保持停留在"俯卧撑"的位置做3次呼吸。

❷难度调整2：在俯身撑起的位置，可以膝盖着地，但身体仍旧保持挺直。

❸难度升级1：保持身体挺直，增加俯卧撑的次数或将速度减慢。

❹难度升级2：单腿完成来回进退和俯卧撑。

❺辅助器材：站在泡沫轴上进行练习。

想象技巧

❶在完成俯卧撑时，从头部到脚部保持身体成一直线。想象你的背上有一根杆，它靠在你的头、上背部、髋部和脚后跟上。

❷想象有一块木板穿过你的髋部，你要保持板的平衡。

注意事项

❶ 在俯卧撑向下沉和撑起过程中，肩带肌肉应该保持收紧，两个肩胛之间应该始终保留有一定空间。

❷ 当肘关节弯曲身体下沉时，颈部和脊骨保持成一直线，不要让头或髋下沉或拱起臀部。

❸ 手腕或肘关节受伤者，谨慎练习或避免此动作。

小贴士

难点提示

除了在俯卧撑这个步骤，要尽力保持肩带的稳定和躯干的平直外，在双手引导身体前进和后退时，稍不留神，在骨盆区域就非常容易发生来回的摇晃。

解决方法

保持核心始终向内收缩，以适当的手臂爬行距离前进及后退。重心在双手之间交换时，尽量控制住腰盆，避免左右摇晃。

07 臀部下垂

从功能上来说，臀肌在蹲起、上台阶以及快速奔跑等时候发挥重要的作用，在直立体位时臀肌还起到稳定骨盆维持正常直立的作用，而现代人久坐的工作、生活方式，以及臀部肌肉缺乏锻炼，往往容易导致臀肌的松弛，使得臀肌出现无力的状态。臀肌的松弛除了视觉上下垂影响臀部曲线以外，也会引起骨盆的重心改变，使得骨盆前倾，逐渐引致慢性下腰痛等一系列问题。

以下普拉提练习，对臀部的肌肉曲线及塑形很有帮助，能使身体变得柔韧而有力，臀部肌肉更富有弹性。

◆ 普拉提运动的益处

❶ 收紧松弛的臀部，提升臀部曲线。
❷ 改善身体姿态，让身体变得更为挺拔。
❸ 预防和缓解下腰痛。

◆ 普拉提针对性练习

生活中的姿势训练

参见第一章第三节中的基础性练习。

普拉提动作

请参照随书赠送的视频文件开展练习，也可以参照本节精选的 10 个动作进行有针对性的练习。

1) 俯身单腿上提

要收紧和提升因为久坐所以长时间"放假"的臀部，首先需要激活和唤醒。"俯身单腿上提"要求在提腿时骨盆保持完全稳定，髋部前侧始终保持在地面上。在预先收缩臀肌的基础上再做抬腿，注意切勿为了追求提腿的高度而倾斜髋部。

目的

强化背部脊柱稳定肌群，促进骨盆区域动态稳定的控制能力，培养伸髋动作正确的募集次序，增强臀肌和大腿后侧腘绳肌。

动作步骤

❶俯卧，把头枕在手背之上，双腿分开和髋部同宽。

❷呼气时，预先收紧腰腹部和臀部，在保持髋部稳定的前提下将一侧腿向上抬离地面。

➡吸气时，有控制地向地面放低。

重复：每侧完成 5~8 次，然后交换另一侧抬腿。

动作变化

❶难度升级 1：变化呼吸节奏，吸气时抬腿，呼气时下放。

❷难度升级 2：在抬高腿部后，加入水平方向的外展。

想象技巧

❶想象腿部是先往后延伸，然后再抬高。

❷想象腿在一个垂直的（或水平的）轨道里滑动。

注意事项

❶抬起腿部时，骨盆稳定，不要因腿部抬得过高而引致挤压腰椎。

❷沉肩，两肩始终保持放松。

❸收缩核心，先启动臀肌带领动作而不是大腿后侧的腘绳肌。

❹膝盖不要过度弯曲，而是向后延长腿部的感觉。

❺如果下背部受伤，降低抬起的高度或者略过此动作。

2）俯身提臀

"俯身提臀"虽然动作幅度不大，但是一个强效提臀动作。在练习时，特别要注意的有3点：骨盆始终保持稳定、控制提臀动作的节奏、动作还原时不要太快下落。

益处：收紧和提升臀部，美化臀围线；强化髋伸肌群的力量，改善骨盆前倾等不良姿态造成的下背痛。

动作步骤

❶俯卧，把前额枕在双手手背之上，双腿弯曲膝盖，让小腿约和地面垂直，让两脚内侧相互抵在一起，膝盖往外打开。

❷呼气时，收紧腰腹部和臀部，将膝盖抬离地面。

双腿膝盖分开向外指　脚内侧相抵　颈部拉长延伸　臀部收紧　沉肩　避免塌腰　腹部收紧　肘关节放松打开　前额放在手背上

❸吸气时，有控制地向地面放低。

重复：8~10次。

动作变化

①动作升级：增大膝盖屈曲的角度，角度越大，难度就越增加。

②辅助器材1：在双腿膝盖后侧夹住健身球进行练习。

③辅助器材2：在双腿之间夹住魔力圈，向内保持均匀施压。

想象技巧

抬升膝盖时，想象腰部延长，同时挤压臀部和大腿后侧。

注意事项

①抬起膝盖时，不要塌腰从而挤压腰椎。
②沉肩，两肩始终保持放松。
③下背部受伤者，减小抬起的高度或者略过此动作。
④椎管狭窄者谨慎练习或略过此练习。

3）蚌式开合

如果骨盆不稳定，臀部练习的效果就会大大下降。在"蚌式开合"时要注意收臀开合腿部前必须凝聚核心来保持骨盆稳定。初学者在一开始练习时节奏可以适当放慢些，待找到身体臀部收缩感觉后再慢慢进入正常的节奏。

益处：收紧臀部，强化髋外旋肌群，增强骨盆的稳定性。

动作步骤

❶ 侧卧，头枕在下侧手臂上方，另侧手放在胸腹前侧的垫上，双腿并拢弯曲膝盖。

❷ 吸气，在保持骨盆稳定的前提下，打开上侧腿膝盖。

沉肩
双脚靠拢
掌心向上
手向前伸直
骨盆稳定
上侧手置于胸腹前侧

❸ 呼气，有控制地将双膝合拢。

重复：两侧各 6~10 次。

动作变化

❶ 难度调整：将手放在髋骨上方或身体后侧，来稳定骨盆以及帮助感知骨盆是否后倾。

❷难度升级1：将双腿脚踝保持并拢抬高，保持脚踝高度不变进行开合练习。

❸难度升级2：将下侧腿膝盖伸直，上侧腿脚背（靠近大脚趾部分）抵在下侧腿膝盖后侧。

> 想象技巧

收缩腰腹核心，保持骨盆稳定，以髋关节和双脚作为支点，想象膝盖像蚌壳一样开合运动。

> 注意事项

❶打开膝盖时，骨盆仍然保持在中间，不要往后倾斜。
❷膝盖保持合适的屈曲角度，双脚应在脊柱的延长线上。
❸如果肩膀感觉不适，可以在头下方垫上毛巾适当加高头位。

4）侧卧抬腿 1

脊柱立于骨盆之上，有稳定的骨盆才有稳定的脊柱，而髋部外展肌群在走路跑步等移动身体的时候是非常重要的骨盆稳定肌群，对于很多久坐为主的现代人而言，骨盆侧面往往是比较薄弱的部位。"侧腿系列"（Side Leg Series）是徒手训练经典的系列动作，而"侧卧抬腿 1"是普拉提侧腿系列的基础练习，强调上抬腿时还必须精确的稳定脊柱和骨盆区域，同时追求动作的流畅性。

益处： 提高躯干和骨盆在侧卧时的稳定性，强化髋部外展肌群，收紧侧腹部和臀部。

动作步骤

❶ 侧卧，髋部微屈，双腿向前与身体约成 30°上下交叠。肘关节支在垫子上，手在耳后支撑住头部，上侧手放在胸前支撑。保持肩膀、髋部都垂直于地面，双腿呈"普拉提站姿"。

（脖颈舒展）
（肘关节稳定支撑）

❷ 吸气，提起上面的腿指向天花板方向，避免移动上面的髋部或塌缩腰部。肩膀和髋部都要保持固定。

（腿部尽量伸展延长）
（骨盆稳定，避免摇晃）
（沉肩）
（收缩腹部）
（上侧支撑手压向垫子）

❸ 呼气，有控制地放低上面的腿，和下侧腿并拢还原。

重复： 两侧各重复 6～10 次。

动作变化

❶ 改变腿位——双腿不做"普拉提站姿",而是改为"平行站姿"。注意此时抬腿的角度会相应减小。

❷ 难度调整1：改变支撑手位——伸直下侧手臂,把头放在下侧手臂上。

❸ 难度调整2：改变支撑腿位——下侧腿屈膝增大支撑平面。

❹ 难度升级1：上侧腿绷紧,脚尖抬起,勾脚尖下放；或者相反操作。通过变换脚位,促进腿部控制和协调能力。

❺ 难度升级：改变支撑手位——把双手手指交叉抱于头后,肘关节打开,在下面的肘关节上找到平衡支撑点。

想象技巧

❶ 想象在你的肩膀上有一杯咖啡,不要让它溅出来。

❷ 想象有一根标杆由上到下穿过你的髋骨,不能把它弄断。

❸ 腿向后一直保持延长感,想象用脚在墙上画一条竖线。

注意事项

❶ 在动作练习中,始终保持肩膀和髋部在同一直线上,避免身体前后扭动。

❷ 肩部较宽或颈部有问题者,如采用动作变化❷,可在头部下面垫入一块毛巾以减小颈部压力,以下为起始动作。

❸ 髋关节有问题者,可减小动作的幅度或减小重复次数。

5）侧卧单腿画圈

"侧卧单腿画圈"在前面的"侧卧抬腿 1"的基础上增加了摆动腿的运动平面，由于调动了臀部以及骨盆区域的深层肌肉，加强了对臀部肌群的刺激，所以很多初学者在练习后，臀部肌肉会有从未有过的酸痛和收紧的感觉。注意在动作开始前一定要预先稳定骨盆，并在腿部画圈时凝聚身体核心来控制骨盆的动态稳定。

益处：提高躯干和骨盆在侧卧时的稳定性，强化髋部外展和外旋肌群，收紧腰腹部和臀部。

动作步骤

❶ 侧卧，髋部微屈，双腿向前与身体约成30°上下交叠。下侧手臂的肘关节支在垫子上，手在耳后支撑住头部，上侧手放在胸前支撑。保持肩膀、髋部都垂直于地面，双腿呈"普拉提站姿"。

❷ 吸气，上侧腿由前往上顺时针画半圈；呼气，腿再往后往下画半圈回到原位。腿画圈的时候保持肩膀、躯干和髋稳定。

沉肩

❸ 完成画圈次数后，以逆时针方向进行画圈练习。

腿部伸展延长
骨盆稳定，避免摇晃
脖颈舒展
收缩腹部
肘关节稳定支撑
上侧支撑手压向垫子

重复：两腿两个方向各重复6～10次。

> 动作变化

❶ 改变腿位——将两腿由"普拉提站姿"变为"平行站姿"。当腿部成平行位置时画圈幅度会相应减小。

❷ 难度调整1：改变支撑手位——伸直下侧手臂，把头放在下侧手臂上。

❸ 难度调整2：改变支撑腿位——下侧腿屈膝来增大支撑平面。

❹ 难度升级1：改变圈的大小——在身体稳定、髋部允许的范围内尽可能画大圈。反之，减小画圈的幅度可减小动作难度。

❺ 难度升级2：改变支撑手位——双手手指交叉抱于头后，肘关节打开，在下面的肘关节上找到平衡支撑点。

❻ 难度升级3：挑战上、下肢的动作协调性。当腿画圈的时候，上面的手臂前后摆动。

> 想象技巧

❶ 想象在你的肩膀和髋上方有一杯咖啡，不要让它溅出来。

❷ 骨盆与地面垂直，保持腿部伸长，想象你上侧腿在墙上画圈。

> 注意事项

❶ 在动作练习中，始终保持肩膀和髋部在同一直线上，避免身体前后扭动。

❷ 肩部较宽或颈部有问题者，如采用动作变化❷，可在头部下面垫入一块毛巾以减小颈部压力。

❸ 髋关节有问题者，可减小动作的幅度或减小重复次数，仍感到不适者略过此动作。

6）钟摆脚跟

这是一个快节奏的臀部收缩练习，要获得良好的训练效果，做"钟摆脚跟"练习时必须预先收紧腰腹部以避免塌腰，收紧臀部稳定骨盆保持中立位。在腿部快速开合击打脚跟时进行有节奏的短促有力的鼻式呼吸。

益处：收紧腰腹部，提臀、美化臀部和腿部线条；提高骨盆稳定性，强化背部、臀部和大腿内外侧肌群，预防或缓解腰背痛。

动作步骤

❶ 俯卧，额头置于手背上，肩膀放松，双腿呈"普拉提站姿"。

❷ 收缩腹部，夹紧双腿，使双腿抬高离开地板。

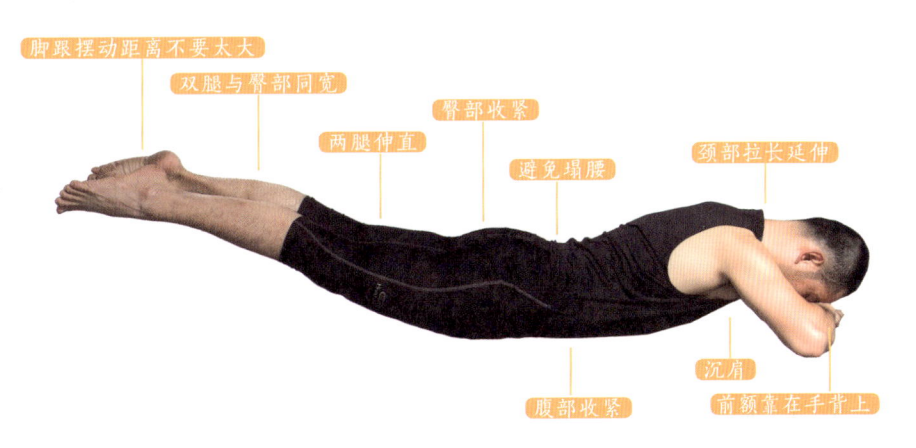

- 脚跟摆动距离不要太大
- 双腿与臀部同宽
- 两腿伸直
- 臀部收紧
- 避免塌腰
- 颈部拉长延伸
- 沉肩
- 腹部收紧
- 前额靠在手背上

❸ 双腿脚跟相互拍击，配合"鼻式呼吸"，吸气 5 次，呼气 5 次。

重复：2～4 个呼吸组，即拍击 20～40 下。

动作变化

❶ 节奏变化：增加或减小呼吸次数和拍击次数之间的节奏配合。
❷ 辅助器材：在两腿之间夹入魔力圈，两腿以适当的阻力挤压魔力圈。

想象技巧

❶ 想象自己在水中游泳时打腿的样子，避免膝盖弯曲，以核心及大腿来带动小腿。
❷ 当四肢动作时保持核心稳定，想象有一杯水在你的背部，不要让水溅出来。
❸ 先让腿往外伸直，然后抬高。在你的腿抬高前，想象它们往墙壁伸展。

注意事项

❶ 骨盆稳定，双腿摆动幅度不要太大。
❷ 腰腹部保持收紧，稳固腰椎。
❸ 膝盖不要弯曲，尽量往后拉长两腿。
❹ 上半身静止，肩膀放松。
❺ 椎管狭窄或下背部受伤者，谨慎练习或略过此练习。

双脚摆动幅度不要太大
骨盆稳定
下半身放松
腹部收紧

7）蛙泳式

"蛙泳式"将动员包括臀部在内整个身体后侧的肌肉群，挑战你在身体背伸时的核心稳定性。除了加强我们身体后背及下腰部的力量，还有助伸展脊柱打开肩膀。在练习中一定要注意收紧腹部，避免塌腰挤压腰椎。双手做动作时双腿和骨盆要保持固定。

益处：收紧后侧的臀部、腰腹部和背部伸展肌肉群；伸展脊柱，预防和缓解腰背痛。

动作步骤

❶ 俯卧，双手屈肘放在肩的两旁。

❷ 呼气，同时手臂向前延伸，但避免耸肩。

❸ 吸气，打开两手，手心向后，如同蛙泳中的推水一样，同时抬高头和肩膀，体会脊柱中轴延长。

- 避免向后仰头
- 脊柱向前延伸
- 不要塌腰
- 沉肩
- 收腹，肚脐拉向脊柱

❹先弯曲收拢肘关节，呼气时，手臂再次向前延伸，头部和身体向前延长放低，但不要完全落到地板上。

重复步骤❸和步骤❹，结束后，回到俯卧位。
重复：4～8次。

动作变化

❶难度调整：如果肩膀感觉紧张或下背部感觉压力较大，手臂延伸时可以不用伸直。

❷难度升级1：在整个练习过程中，上身始终抬起，保持高度不变。

❸难度升级2：双腿保持抬起，进行练习。

想象技巧

❶想象你的髋部和大腿已经被强力胶粘在地板上了一样，保持稳定。
❷想象你在游泳，手臂向后推水，身体尽力抬高，好像要将头露出水面换气，但避免仰头。

注意事项

❶保持脊柱自然延伸，尾骨内收，避免以塌腰来换取脊柱的伸展。
❷如果颈椎或肩膀感觉疼痛或不适，可使用动作变化❶来进行练习。
❸椎管狭窄者或下背部受伤者谨慎练习或略过此练习。

8）直背起桥

"桥"系列可谓是仰卧位练习臀部的最佳徒手训练动作，"直背起桥"看起来和"骨盆卷动"（Pelvic Curl）有点类似，但是要求整个抬髋练习过程中保持直背状态。另外，将膝关节角度适当变小以增加髋伸的动作幅度，可增加对臀肌的刺激。

益处：提臀，强化臀肌、大腿后侧腘绳肌和后背肌群，增加脊柱的稳定性。

动作步骤

❶ 仰卧，屈膝，双足平放在地上，两臂放在身体两侧，保持脊柱的中立位。

❷ 呼气，保持脊柱挺直往上提起，使后背离开垫子。

腰腹部收缩
颈部拉长延伸
臀部收紧
沉肩　*直背*　*双手在体侧*

❸ 吸气，慢慢有控制地下放。

重复：8~10次。

动作变化

❶难度升级：将一侧小腿抬起横放在另一侧大腿上方，完成抬起练习。

❷难度升级：抬起双手，与身体成90°，肘和肩部放松，完成动作练习。

❸辅助器材1：身体躺在泡沫轴上，完成动作练习。

❹辅助器材2：双脚踩在普拉提健身球上，完成动作练习。

❺辅助器材3：双腿膝盖之间夹一个魔力圈或普拉提小球，以协助身体核心向内收缩。

❻辅助器材4：双手握住魔力圈向内稳定施压，抬起双手保持不动。

❼辅助器材5：双手交叉放于胸前，在肩膀和上背部区域加入平衡垫。

❽辅助器材6：若能熟练按要求完成动作练习，以上变化可以相互结合，迅速使动作难度升级，以挑战身体核心的稳定性。

注意事项

❶颈部和肩膀放松。

❷保持骨盆稳定，不要向任何一侧倾斜（包括动作变化❶练习）。

❸抬髋时，避免卷曲背部；髋部下放时，先把骶骨部分落在垫子上。

9) 肩桥预备

"肩桥预备式"在肩桥的基础上加入了屈膝抬腿的动作,并需要收紧支撑腿的臀肌,在上、下抬腿的时候时刻保持骨盆左右两侧的平衡及稳定,进一步提升练习的难度。

益处:强化臀腿部和后背肌群、提臀、收紧臀围线和大腿后侧,增加骨盆的稳定性。

动作步骤

❶ 仰卧,保持脊柱自然中立位。屈膝90°,双腿分开至与臀部同宽,两腿保持平行,双脚平放于地面,脚掌放松,双手置于身体两侧。

❷ 吸气,保持身体不动;呼气,收缩腹部,引领骨盆后倾,抬高耻骨,向上逐节卷动脊柱,直至身体从膝盖到肩膀成一条直线。

❸ 吸气,保持骨盆稳定,膝关节的角度不变,屈髋提起右腿。

❹ 保持骨盆不动,呼气,慢慢放低腿部,交换另一侧腿部。

- 保持膝关节的角度
- 保持骨盆高度 避免骨盆左右倾斜
- 双手臂紧贴地面
- 肩部放松
- 腰腹部收紧

在完成提腿重复次数后,将逐节脊柱返回到垫上。重复:4~6次。

第四章 特殊人群的普拉提训练方案

动作变化

❶改变动作节奏：单侧屈髋抬腿重复4~6次，再交换另一侧重复。

❷难度调整：屈肘，以双手抵住髋部两侧，支撑骨盆。

❸难度升级：抬高双手，向上指向天花板。

❹辅助器材1：身体躺在泡沫轴上，完成动作练习。

❺辅助器材2：双脚踩在普拉提平衡盘、泡沫轴或健身球上，完成动作练习。

❻辅助器材3：双手握住魔力圈向内均匀施压，抬高双手。

❼以上动作变化也可相互结合运用，挑战核心力量的稳定性及协调能力。

想象技巧

❶想象整个躯干变成一个稳定的斜桥状固体，保持臀部的高度。

❷想象你的腰部下侧架着一枚针，小心不要让针扎到你。

注意事项

❶腰腹部收紧，稳定骨盆区域，在腿部抬高和下放时始终保持臀部高度。

❷在下放腿部时，先从脚趾触地过渡到整个脚掌落回地板，再转移重心。

❸在腿部运动时，避免骨盆下沉或左右倾斜。

❹肘关节有问题或感到不适时，避免动作变化。

10）肩基举桥

"肩基举桥"是桥式系列中最具挑战的一个练习。在这个练习中，腰背部核心收紧，架高骨盆，在不影响躯干的前提下，有控制地运动一侧腿部。当腿部往下放低时，要注意收紧臀部必须同时施加一个反向的作用力，才能保持髋部的稳定高度不变。腿部下落时，要体会到向前延长的感觉。

值得一提的是，很多人在练习中会发现左右两侧臀部的肌肉支撑力量不一致，这也是引起姿态不良以及腰痛的重要原因之一。

益处：收紧臀部，美化臀部和腿部曲线，改善姿态；强化腰背部肌力，增强核心稳定的控制力，预防和改善下腰痛。

动作步骤

❶ 身体仰卧，处于脊柱中立位，手臂置于身体两侧，保持放松。两脚分开和骨盆同宽，两膝弯曲保持90°。

❷ 吸气，准备进入动作。呼气时，腹部收紧，带动脊柱逐节剥离地面，慢慢抬高骨盆至"肩桥"位置，保持膝盖、双腿、骨盆和肩膀成一条直线。

❸ 保持屈膝抬高一侧腿部，将身体重心移至另一侧腿部，但必须确保骨盆两侧处于同一平面。然后再伸直膝盖，把腿部往上向着天花板抬高伸直。

- 髋部两侧保持始终平行
- 腰腹收紧
- 胸颈舒展
- 沉肩
- 一侧臀部不能下垂

④呼气，保持骨盆稳定，髋部抬高不动，把上侧腿向着地板放低并向前延伸，体会腿部尽量从髋部延伸出去。

⑤吸气，再次把腿抬向天花板。完成重复次数后交换另一侧腿进行练习。结束后放低骨盆回到起始位置。

重复：两侧各抬腿3～5次。

动作变化

❶难度调整1：将两手撑放于腰侧，辅助骨盆稳定。此变化使控制骨盆区域的稳定变得更加容易，不过腰部僵硬、肘关节及手腕有问题的练习者可能会有不适感。

❷难度调整2：减小腿部放低幅度，下放时放低到两侧大腿平行即可。

❸难度升级1：加快两腿上踢和下放的速度，注意骨盆高度不变。

❹难度升级2：每次向上抬腿上踢时做两次推进，在第二次踢进时幅度加大些。骨盆须始终保持稳定静止。

❺难度升级3：增加脚踝的变化来挑战你的协调和平衡性——上踢抬高时绷脚，下放时脚踝屈曲勾脚。也可以反过来练习。

❻辅助器材1：踩在健身球上进行练习。

❼辅助器材2：躺在泡沫轴上进行练习。

❽辅助器材3：也可运用辅助器材，综合各种变化，迅速让动作难度升级。

❾辅助器材4：在不稳定的表面进行练习时，闭上眼睛。强化身体本体感觉的平衡协调，进一步挑战你的核心控制能力。

想象技巧

❶在练习中始终收紧臀部和腰背部，保持把髋向天花板推高。想象你的上身躯干和髋部被吊在天花板下。

❷保持髋部的高度，想象有一根标杆穿过你的髋部，当你移动腿时，要保持它的平衡。

注意事项

❶身体重心不要向后落到颈部。

❷尽管两手臂在地面可以给予适当支撑，但还须挺髋沉肩，尽可能减轻手上的支撑力量。

❸注意如若桥的高度过大，可能会造成练习者腰椎压力过大而带来伤害。正确的高度是保持膝盖、大腿至肩膀基本成一条直线即可。

❹肘关节、手腕或下背部受伤者，避免动作变化❶用手辅助支撑的做法。

小贴士

常见误区

在练习时随着腿部的运动，臀部和身体位置不自觉地出现整体或单侧下降。

原因

腰背部等整个身体后侧运动链收紧、核心力量不够或者没有有意识地进行控制。

解决方法

收紧核心，专注自我，身体要有空间感。抬腿时避免身体上抬，下放腿时要有意识地避免身体整体或单侧下降。

08 腹部松弛

无论你的腹围是多少，年龄的日渐增长、缺乏运动、驾驶、长时间伏案或电脑前工作等，都容易造成腰腹部松弛，而日渐松弛的腰腹部除了影响形体美观之外，还会因腰腹部肌肉的收缩力降低而给腰椎带来额外负担，从而给腰背痛埋下种子。

◆ **普拉提运动的益处**

❶ 收紧松弛的腹部，改善腹部肥胖问题。
❷ 有助形成良好的身体姿态，让身体变得更为挺拔。
❸ 强化核心肌肉，预防和缓解下腰痛。

◆ **普拉提针对性练习**

生活中的姿势训练
参见第一章第三节中的基础性练习。

普拉提动作
请参照随书赠送的视频文件开展练习，也可以参照本节精选的 10 个动作进行有针对性的练习。

1）横向呼吸法

多数人的腹部松弛和久坐以及缺乏运动有关，而绝大多数现代人不运动的首要理由就是——没有时间。如果我们通过简简单单的呼吸模式调整就能收到奇效，那简直就是所有人的福音！

"横向呼吸法"也称"肋间呼吸法"，它能够协助我们腰腹核心的向内收缩，对于腹部较为松弛的人士，可以随时随地单独地进行此项呼吸练习，对你收紧腰腹部会有意想不到的效果。在后面几个练习中，横向呼吸模式的配合也会让你事半功倍。

动作步骤
❶ 站姿、坐姿或仰卧，双手放在胸腔两侧肋骨旁。
吸气时，胸腔扩张，肋骨向两侧横向打开，腹部不要向外鼓起，肩部保持下沉放松；呼气时，肋骨放松还原靠拢。

❷一侧手放在胸廓上方,另一侧手放在腹部。

吸气时肋骨张开,感觉到胸廓的扩张;呼气时,两侧肋骨放松,感觉肋骨向中间收拢下滑,然后下侧手去感受腹部控制微微向内收缩。

2) 卷腹抬起

要获得良好的收腹训练效果,一不要贪快,二不要一味贪多,注意感受动作过程中的身体细节。"卷腹抬起"是本章节其他徒手训练腹部加强动作的基础练习,要求集中于积极的深层腹部参与收缩,步骤清晰流畅。当把头、肩和上背部有步骤地卷起卷下的时候,腰盆区域稳定不动,腿和髋部都牢牢地贴紧垫子,始终保持动作中的控制。

益处:收紧腰腹部,加强腹肌力量,并增强骨盆的动态稳定性。

动作步骤

❶仰卧屈膝,脊柱处于自然中立位,双膝保持90°,两膝盖之间保持约一个拳的距离,双手手指交叉置于头后侧。

脊柱中立位
肘关节向外打开,避免猛力拉头部

❷吸气,将肋骨向两侧分开,躯干保持不动,不要耸肩。

❸呼气,把肋骨往下滑动,收缩腹部,将头部和肩部卷离垫子,直至肩胛骨下角刚触及地面,目视前方或肚脐方向。

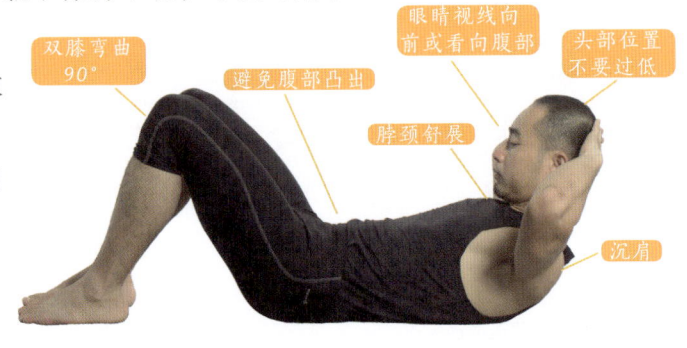

❹吸气,躯干保持稳定不动,保持上半身的弧线。

双膝弯曲90° | 避免腹部凸出 | 眼睛视线向前或看向腹部 | 头部位置不要过低 | 脖颈舒展 | 沉肩

❺呼气,收紧腹部,开始慢慢舒展脊柱卷回垫上,回到动作开始时的姿势。

重复:6~10次。

想象技巧

❶放松髋屈肌群，想象你的下半身被牢牢地绑在地上。

❷抬头的时候，将下面的肋骨压向垫子，设想头从胸廓上而不是从颈上抬起。

注意事项

❶练习时腹部不能向外凸出，骨盆不能后倾借力。

❷微微收紧大腿内侧肌肉和腹部肌肉，使两膝盖距离保持不变。

❸练习时肘关节始终保持打开，避免用手去拉头部。

❹在整个动作练习时，保持肩膀下沉放松。

❺颈部和肩膀受伤者，如果不适则略过此动作。

动作变化

❶改变呼吸节奏：在顶端不做停留，呼气时卷起，抬高头和肩膀；吸气时，逐节脊柱卷回。

❷难度调整：将两手放在胸前交叉或置于身体两侧，注意力仍然集中在身体核心和腹部的用力上。

❸辅助器材：两膝盖之间夹一个魔力圈或普拉提小球，以协助收紧身体的核心。

❹辅助器材：仰躺在健身球上完成动作或将小球放在肩胛下角之间，以球为支点进行卷腹练习。

3）卷腹旋体

腹部区域的肌纤维走向犹如一层层打包带，横的、竖的、斜向交叉的，从各个方向把整一圈腰腹部扎紧。斜向的腹部肌肉从运动功能上起到了非常重要的旋转身体的作用，斜向旋转训练不但能够收紧松弛的腹部，还可通过强化腹部斜侧肌群增加腹压，来避免身体意外受伤。"卷腹旋体"是在"腹部抬起"练习的基础上加上了转体动作，要求集中于积极的收腹练习，始终保持动作和呼吸的节奏。

益处：收紧腰腹部，重点加强腹部斜肌的力量，增强骨盆的动态稳定性。

动作步骤

❶ 仰卧屈膝，双腿与髋同宽，脊柱处于自然中立位，双膝保持90°，双手手指交叉置于头后侧。

❷ 吸气，在呼气时，收缩腹部，将头部和肩部卷离垫子，直至肩胛骨下角刚触及地面。

❸ 吸气，躯干保持稳定不动，保持上半身的弧线。

❹ 呼气，收缩腹部斜肌，让肩对准对侧的髋部转动身体，缩短两者间的距离。

❺ 吸气，回到中间，保持头肩的高度和上半身的弧度。

肘关节向外打开，避免猛力拉头部
保持膝盖间距离
避免腹部凸出
旋体时骨盆和双腿不要跟着摇晃
沉肩

❻ 呼气，慢慢再转向另一侧。
重复：两侧完成转动 4 ~ 8 次。

胖颈斜展

动作变化

❶ 难度调整：将两手手掌交叠，转动时双手放在中间两大腿之上方弧线滑动，注意力仍然集中在身体核心和腹部的用力上。

❷ 辅助器材 1：两膝盖之间夹一个魔力圈或普拉提小球，以协助收紧身体的核心。

❸ 辅助器材 2：仰躺在健身球上完成。

❹ 辅助器材 3：躺在 BOSU 球半圆面上，双腿屈膝抬高进行旋体练习。

想象技巧

❶ 放松髋屈肌群，想象你的下半身被牢牢地绑在地上。

❷ 想象胸前画有一个"X"，当身体转动时，缩短单侧的"X"斜线距离，让肩膀去靠近对侧的髋部。

注意事项

❶ 在旋转时，骨盆和双腿尽可能避免摇晃。

❷ 保持腹部核心始终向内收缩，肩膀下沉放松。

❸ 练习时肘关节始终保持打开，避免用手去拉头部。

❹ 颈部和肩膀受伤者，如果感觉不适则停止这个动作。

4）百次拍击

"百次拍击"是普拉提的经典代表动作，对于收紧松弛的腹部是一个非常好的徒手练习动作。通过这个动作练习，腰腹部核心得到充分的刺激和热身，快速有力的鼻式呼吸，会促进血液循环，提高你的精力。

在此项练习中，除了加强腹肌力量，你也将学习如何在动态过程中保持头颈部、躯干和背部的稳定。对于初学者，要避免颈部过度紧张，若头部稳定不够或者位置过低，将会造成颈部的疼痛。

益处：强化腹肌，收紧腰腹部核心；加强呼吸和动作的协调，提升躯干的稳定性。

动作步骤

❶ 仰卧，抬起双腿，并且屈膝屈髋90°。

❷ 吸气，做准备；呼气时，凝聚核心力量，卷起抬高头和肩。

标注：视线向前或看向腹部；避免腹部凸出；脖颈舒展；沉肩；手腕伸直

❸ 吸气，拍击手臂5次，保持躯干稳定和手臂伸直。呼气，拍击手臂5次。这样为一个练习组，继续拍击，保持呼吸和动作的协调。

重复：完成10组（共100次拍击）。

动作变化

❶难度调整1：手臂拍击时，两脚平放在地上。

❷难度调整2：为减小颈部压力，交替将一侧手掌放在头后侧，以单手臂拍击。

❸难度调整3：跪姿，收紧腹部，稳定骨盆，以肩为轴双臂拍击。

❹难度升级1：当手臂拍击时，两腿伸直指向天花板。

❺难度升级2：当手臂拍击时，在保持背部稳定的前提下，尽可能地放低两腿。

❻难度升级3：在手臂拍击时，双腿同时做上下抬高和放低的运动。

❼辅助器材1：双手拿住弹力带跨过膝盖，保持一定阻力进行拍击。

❽辅助器材2：在头和肩背处垫上普拉提小球，减小颈部的压力。

5）提腰伸展

松和紧永远是一对矛盾统一体，有质量的肌肉应该是既有弹性和延展性，又有收缩的力量。如同一根松弛的劣质皮筋，过松的肌肉不但力量不足，也不一定具备应有的延展性。而缺乏延展性的肌肉同样无法发挥最佳的效能。试想如果让你做一个摸高原地起跳，你会先怎么做？答案是所有正常人在跳之前都会先做一个预蹲，然后再做起跳。提腰伸展可以令身体肌肉关节打开，不但可以拉伸紧张短缩的肌群，也为后面的腰腹部收缩用力做好了前提准备。

动作步骤

❶仰卧，就像伸大懒腰一样，将双臂伸过头顶，带动躯干尽力向后伸展。
❷同时双腿伸直，尽力向反方向伸展。也可以设想有两股力量把你拉向相反的方向。

这个练习可以很好地伸展全身的肌肉和关节。如果感觉双手伸展不够充分，则可以将两手的大拇指相互扣起来，以便带动躯干进行更大程度的伸展。

动作变化

采取站姿或坐姿，双手手指相扣，让双臂伸过头顶，带动躯干尽力向上伸展。

目标 伸展躯干和四肢，打开胸廓和肩膀。
重复次数： 伸展 2 次。
伸展方法： 静态伸展，保持 10 ～ 20 秒。

小贴士

做深吸气可以更好地帮助伸展，在保持的时候，也可以加入适当的左右摇摆来提升伸展的幅度和效果。

6）平板支撑

"平板支撑"是本章唯一的腰腹部静态练习，看起来这个动作很简单，但是要真正做好还是需要注意很多细节的。例如头颈部、后背还有骶骨背面要保持同一条直线，不能出现塌腰、撅臀等动作。

这个练习能够让你强烈感受到腰腹核心在身体稳定中的作用，初学者坚持的时间可由少到多逐渐增加。某些核心无力的练习者会在练习中感觉腰部、大腿或髋部不适，此时可以将膝盖放低减小动作难度或缩减练习时间，切勿在错误的体位上硬撑停留时间。

动作变化

❶难度调整1：双膝着地，用膝盖来支撑。

❷难度调整2：用手掌支撑地面。

❸难度升级：控制身体不动，抬起一侧腿，注意骨盆不要倾斜或扭转。

❹辅助器材：肘关节或手掌支撑在BOSU球上。

目的

通过脊柱和骨盆中立位的维持，强化身体核心肌群；促进身体中轴的核心控制能力，培养正确的骨骼排列和肩带的稳定意识。

动作步骤

❶俯卧，用脚趾支撑地面，90°弯曲肘关节，保持肘关节在肩膀的正下方。

❷收紧腹部，抬高身体，直至头部、身体和双腿成一直线，保持脊柱中立位。

维持正常呼吸，保持30秒以上，或尽可能长的时间。

重复：1～2组。

想象技巧

想象背部上面放着一块厚木板，保持你的后脑勺、背部最高点和骶骨始终接触木板。

注意事项

❶脸部放松，不要闭气。

❷沉肩，肩带必须保持稳定的支撑。

❸脊柱和骨盆保持中立位，不要把臀部抬高或者塌腰。

7）反向卷腹

对于女性来说，松弛的小腹令人烦恼不已。"反向卷腹"和其他很多腹部练习不同，它要求上端肩背部稳定，收缩小腹部引导骨盆和脊柱做反向卷动，并且在回卷还原下放时需要控制下方的节奏，细细体会脊柱逐节滑落的感觉。

益处：收紧腰腹部，强化核心力量和控制能力。

动作步骤

❶仰卧，手放在身体的两侧，保持脊柱中立位，两腿弯曲，脚踝相互交叠，大腿垂直于地面。

（收腹）
（头颈放松延长）

❷呼气，收紧核心，引领下背部随之卷起离开垫子。

❸吸气，有控制地使脊柱逐节还原回到原位。

重复：6 ~ 10次。

（双腿屈膝）
（头不要后仰）
（双肩保持贴紧地面　肩膀不要提离地面）

动作变化

❶ 难度升级1：调整起始位，让大腿的位置往地板适当放低。

❷ 辅助器材2：弯曲膝盖使双腿后侧扣住健身球，卷起头和肩部完成动作。

❸ 辅助器材3：卷起并抬高头和肩部，双腿间夹住普拉提魔力圈来完成动作。

想象技巧

❶ 想象肩膀和上背部已经被固定在地板上，保持稳定。

❷ 想象一串珍珠项链落到天鹅绒上面的情形，动作还原时感受脊柱有控制地逐节下放。

注意事项

❶ 肩膀放松，不要耸起。

❷ 强调控制，做到自己能够控制的高度就可。

❸ 重心不要超过肩胛骨的上端，避免让重心挤压脖颈。重心若到颈部将会非常危险。

❹ 收腹，运用核心来启动动作，不要用摇摆骨盆的惯性冲力来带动双腿向后。

❺ 颈部和下背部受伤者以及骨质疏松症患者避免此练习。

8）单腿伸展

并非只有仰卧起坐才能收紧腰腹部，"单腿伸展"重点不在于腿，而在于腰腹部核心收缩，控制躯干及骨盆的稳定。要让呼吸保持平稳协调，双腿应保持有节奏的转换，双腿交替时避免扭动腰部，让双腿始终沿着一条直线屈伸，避免越过你骨盆的宽度。

益处：收紧腰腹部，强化腹肌，提高骨盆的稳定性和核心控制力，同时提升身体的协调性。

动作步骤

❶ 仰卧，屈膝抬起两腿靠近胸部，大腿与地面成90°。双手放在膝盖上方。

❷ 收缩腹部，抬起头和肩。保持身体头颈部及背部稳定，伸直左腿沿斜线指向60°，将左手放在右腿的膝盖上，微微下压膝盖并拉近身体，右手则握住靠近脚踝处，肘关节微微打开。

❸ 开始交替双腿，吸气，做一组两侧抱膝及伸腿，再呼气，再做一组两侧抱膝及伸腿。

- 双手微微下压
- 目光向前或看向肚脐方向
- 腿部斜线向前延伸
- 肘关节稍稍打开
- 骨盆不要左右摇晃
- 收缩腹部
- 沉肩

❹ 结束动作后，重新回到仰卧，抱双膝至胸前。

重复：4~8个回合。

动作变化

❶改变呼吸节奏：在中间交替腿位时快速吸气，在伸展腿部时呼气。更关注呼气时收缩稳定核心。

❷难度调整 1：调整脚位——抬高双腿滑动的斜线轨迹，增加角度越大，对于核心控制的要求就越低。反之则越难。

❸难度升级：改变手位——双手手指交叉支撑于头后，双腿交替滑动时保持核心稳定。此变化可以适当减轻脖颈部位的压力。

❹辅助器材 1：普拉提小球垫在头颈部下方，减小颈部压力。

❺辅助器材 2：双手握住魔力圈保持向内施压，抬高双手。

❻辅助器材 3：弹力带绕过一侧脚足弓，保持一定阻力用双手拉住两头，单脚滑动伸展。双腿分开交替练习。

想象技巧

❶保持核心稳定，想象你的腹部上有一杯热饮料，不要让它洒出来。

❷想象双腿沿着一条斜线的固定轨迹滑动。

注意事项

❶保持呼吸节奏的稳定和与动作的配合。

❷保持身体稳定，头和肩的高度始终不变。

❸颈部或肩膀有问题者，可用动作变化❷或❸米进行练习。

❹腰椎间盘突出和骨质疏松者谨慎练习或略过此练习。

9) 十字交叉

这个练习对于腹部的收紧效果是整体的，动作难度和要求也更高了。"十字交叉"在"单腿伸展"的基础上，加入了躯干斜肌的侧转，从而进一步刺激到身体腹部的斜肌，更加挑战了骨盆的稳定性和核心的控制力。它让很多人腹部有"烧起来"的感觉。

初学者在开始练习时，动作应稍缓慢，注重精确和到位，每一次旋转深层腹部必须启动动员起来，注意呼吸的节奏配合，熟悉以后可适当加快节奏，更加流畅地完成练习。

益处：收紧腰腹部，强化腹部肌群，增强躯干的动态稳定性。

动作步骤

❶ 仰卧屈膝，两手放在头后，收紧腹部，头部和上半身卷离垫子，目光向前或看向腹部方向。

❷ 抬起双腿，呼气，伸直左腿往斜前方60°延长，同时将右腿膝盖往里收向胸部。身体向右侧转，右侧肩胛骨下角触地，胸廓朝向右膝盖，两侧的髋部都不离开垫子。

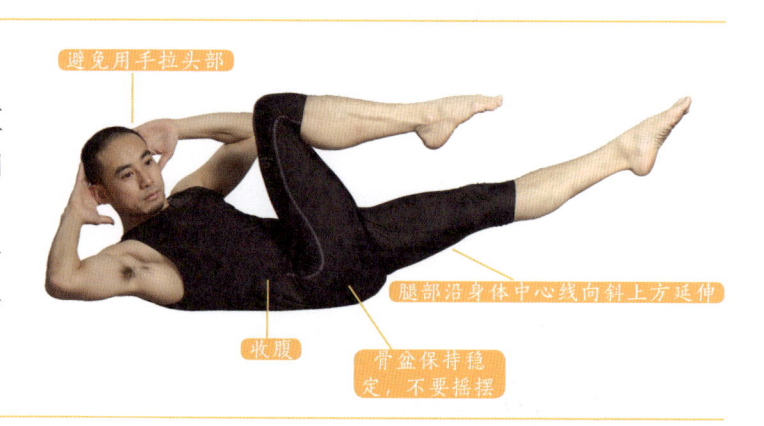

- 避免用手拉头部
- 收腹
- 腿部沿身体中心线向斜上方延伸
- 骨盆保持稳定，不要摇摆

❸ 吸气，下腹部和髋部保持稳定，回至中间，注意保持头部和肩背部的高度。呼气时，转动身体，同时交换另一侧腿部向斜前方伸展。

- 肘关节打开
- 沉肩

重复：交替5~8个回合。

动作变化

❶难度调整：在保持下腹部稳定的前提下，向上调整腿的滑动轨迹高度。向下放低则动作难度增加。

❷辅助器材：将一侧脚部放在健身球上沿斜线滑动，呼气时，身体转动向屈膝腿一侧，吸气回至中间。

想象技巧

❶想象腹部从肩到髋部有一个"X"线，在转动身体时，缩短一侧的斜线。
❷保持躯干稳定，想象你的腹部上有一杯热茶，在练习时不要让它洒出来。

注意事项

❶骨盆保持稳定，两腿需始终在一条斜线上滑动。
❷避免用手来拉动头颈部转动，应以腰腹核心带动，以肩去尽力靠近对侧的髋骨。
❸身体回到中间过渡时，注意肩背部要保持原来的高度。
❹椎间盘突出或骨质疏松者谨慎练习或略过此练习。

10) 肩桥预备

身体的承重大梁主要是位于后方的脊柱,而腰和腹是个平衡整体,腰部稳固大梁稳定了,腹部发力才可以更好地在训练乃至日常动作中协调工作。"肩桥预备"在经典徒手训练"桥"(Bridge)基础上加入了单侧支撑的屈膝抬腿,从而让臀肌和腰背肌群被更多激活,参与骨盆和脊柱的稳定。

益处:强化臀肌和腰背肌群等,增加骨盆和脊柱的稳定性。

动作步骤

❶ 仰卧,保持脊柱自然中立位,并且屈膝90°,双腿分开至与臀部同宽,两腿保持平行,双脚平放于地面,脚掌放松,双手置于身体两侧。

❷ 吸气,保持身体不动;呼气,收缩腹部,引领骨盆后倾,抬高耻骨,向上逐节卷动脊柱,直至身体从膝盖到肩膀呈一条直线。

- 保持膝关节的角度
- 保持骨盆高度,避免骨盆左右倾斜
- 双手臂紧贴地面
- 肩部放松
- 腰腹部收紧

❸ 吸气,保持骨盆稳定,膝关节的角度不变,屈髋提起右腿。

❹ 保持骨盆不动,呼气,慢慢放低腿部,交换另一侧腿部。

❺ 在完成提腿重复次数后,逐节脊柱返回到垫上。
重复:4~6次。

动作变化

❶ 改变动作节奏:单侧屈髋抬腿重复4~6次,再交换另一侧重复。
❷ 难度调整:屈肘,以双手抵住髋部两侧,支撑骨盆。

❸难度升级：抬高双手，向上指向天花板。

❼以上动作变化也可相互结合运用，挑战核心力量的稳定性及协调能力。

❹辅助器材1：身体躺在泡沫轴上，完成动作练习。

想象技巧

❶想象整个躯干变成一个稳定的斜桥状固体，保持臀部的高度。

❷想象你的腰部下侧架着一枚针，小心不要让针扎到你。

❺辅助器材2：双脚踩在普拉提平衡盘、泡沫轴或健身球上，完成动作练习。

注意事项

❶腰腹部收紧，稳定骨盆区域，在腿部抬高和下放时始终保持臀部高度。

❷在下放腿部时，先从脚趾触地过渡到整个脚掌落回地板，再转移重心。

❸在腿部运动时，避免骨盆下沉或左右倾斜。

❹肘关节有问题或感到不适时，避免动作变化。

❻辅助器材3：双手握住魔力圈向内均匀施压，抬高双手。

小贴士 注意练习中横向呼吸的配合，动员深层核心肌群参与募集。

第四章 特殊人群的普拉提训练方案

09 性功能低下

性行为是一种特殊的"运动方式"。进行性行为时，通常以下肢为支点，骨盆需要充分的、有力量的摆动，腰、腹、臀部和背部的肌肉扮演着非常重要的角色，因为在男女交合动作中，这些肢体部位是主要核心力点。

除了腰盆区域的力量，灵活性不足也会同样造成各种问题，骨盆作为身体中轴平台，它的前后上下左右的肌肉控制了它的所有动作，正常的骨盆可以完成前倾、后倾、左右侧倾以及左右回旋的动作。其肌肉的分布可谓承上启下，前面联结有腹部和髋部肌群，后面则联结背部和臀部肌群，并受其影响。骨盆的底部则被骨盆底肌肌群所封闭，除了承托脏器的重量，在性行为中，它起到调节性感受和控制阀门的作用。

"性功能低下"是指能够进行正常的性行为，但质量差，具体表现在力不从心，持续时间短，频率低，快感少或没有。性功能低下的人多数性器官没有异常或病变，主要是由骨盆灵活度不足、髋部运动相关力量差、体质虚弱以及心理因素造成的。对于非器质性原因造成的性功能低下，可以通过有针对性的运动疗法来进行改善。若想在性行为的过程中得心应手，就必须加强相关部位的运动机能。

★ 普拉提练习的益处

1. 促进包括骨盆区域及性器官在内的全身血液循环。
2. 增强腰腹部、臀部和腹股沟等部位（性活动的主要区域）的力量和柔韧度。
3. 提高身体，尤其是腰椎和骨盆区域的肌肉、韧带及神经之间的协调能力。
4. 增强性功能肌肉的快感，改善和辅助治疗性冷感。
5. 提高性的耐受力和控制能力，促进性和谐。

★ 普拉提针对性练习

生活中的姿势训练

收缩骨盆底肌练习。

普拉提动作

请参照随书赠送的视频文件开展练习，也可以参照本节精选的10个动作进行有针对性的练习。

1）收缩骨盆底肌

这个练习简便易行，不受时间、地点、环境的限制，体位选择或站，或坐，或蹲，或躺，随时随地都可以进行。

骨盆底肌作为排泄的阀门，同样也影响着女性的性高潮，以及男性的勃起功能。所以我们把这个便捷却非常重要的动作作为产后恢复和提高性能力这两节的第一个动作。

类似的练习也被称为"凯格尔式"练习（Kegels），在西方医学里最早被用于治疗成年女性的尿失禁。在中国传统养生术里也有类似的练习——"撮谷道"（或称"提肛"），其历史要久远得多，是一种独到的防病健身之术。

动作步骤

❶ 收紧骨盆底肌，将会阴部往上提起，可以想象一下小便进行到一半时憋住，或者是提升肛门的感觉。开始可以快速做10次，然后变换方法，在每一次上提后，都不要放松，停留6秒，再慢慢放松，重复做6次。

❷ 练习时注意保持自然呼吸。

> **小贴士**　建议初学者先进行收缩骨盆底肌的单独练习，找到感觉之后再搭配横向呼吸进行训练。在熟练控制之后可以尝试在其他动作训练之中加入骨盆底肌的训练。

2）尾巴画圈

骨盆和腰骶部的灵活性在高质量的性生活中起到极其重要的作用，而腰骶部的紧张僵硬也往往导致腰背肌过度代偿，从而使腰背肌疲乏无力，甚至出现"房事后腰痛"的现象。

动作步骤

❶ 采取"四足支撑"姿势。
❷ 想象脊柱末端有一条尾巴，保持肩和躯干稳定。
❸ 转动髋部，想象用尾巴在后面墙上画圈，松动每一节脊柱。

3）骨盆卷动

在性生活中，无论是跪姿、仰卧、俯卧、侧卧、四足支撑位，还是站姿，其主动运动者主要的身体运动环节就是骨盆，主要运动方式就是骨盆绕着冠状轴在矢状面做"前后运动"。

在练习完整的"骨盆卷动"之前，我们建议你可以先在仰卧位进行"骨盆倾斜"（Pelvic Tilt）的练习，结合横向呼吸法，找到正确的控制骨盆前后运动的感觉。

"骨盆卷动"的全过程练习当中要专注骨盆运动的引导和"脊柱的逐节运动"。对于下腰部有问题者，这还是一个非常好的脊柱保养的动作，能够有效改善脊柱的僵硬，提高脊柱和骨盆的灵活性和力量，避免在日常生活的动作中出现脊柱周围代偿性的肌肉用力引起的急慢性损伤。

益处：提高骨盆和脊柱的灵活性和控制力，有效改善腰骶部和脊柱的僵硬；强化臀肌和背伸肌肉。

动作步骤

❶ 仰卧，弯曲膝盖90°，双腿分开至与臀部同宽，双脚平放于地面，脚掌放松。双手置于身体两侧。保持脊柱自然中立位。

❷ 吸气，保持身体不动；呼气，收缩腹部，将肚脐拉向脊柱，引领骨盆做出后倾动作，抬高耻骨。

❸ 继续呼气，同时向上逐节卷动脊柱，直至身体从膝盖到肩膀呈一条直线。

❹ 吸气，保持身体不动；呼气，放松胸骨和肋骨，慢慢地反方向逐节返回至起始动作。

重复：4~8次。

（膝盖间距一致　腹部启动　逐节脊柱滑动　脖颈舒展　沉肩）

动作变化

❶ 难度升级：抬起双手，与身体成90°，肘和肩部放松，完成动作练习。

❷ 辅助器材1：身体躺在泡沫轴上，完成动作练习。

❸ 辅助器材2：双脚踩在普拉提健身球上，完成动作练习。

❹ 辅助器材3：双腿膝盖之间夹一个魔力圈或普拉提小球，以协助身体核心向内收缩。

❺ 辅助器材4：双手握住魔力圈向内稳定施压，抬起双手保持不动。

❻ 辅助器材5：躺在泡沫轴上，同时脚踩在泡沫轴上，闭眼进行练习。

若能熟练地按要求完成动作练习，以上变化可以相互结合，迅速使动作难度升级，以挑战身体核心稳定性。

想象技巧

❶在动作启动时,想象有一股能量从核心启动,将腹部往内拉,继而抬高耻骨,并沿逐节脊柱向上波浪式蔓延,把身体推起来。

❷在抬高身体时,想象你的膝盖前侧装有两个汽车头灯,两束光射到对面的墙壁上,然后膝盖向前拉,两束光由斜射而慢慢变直。

❸在下放还原时,先设想你的胸骨慢慢地融化下落,接着逐渐向下蔓延,直至落回到原位。

注意事项

❶双脚平均用力受重,膝盖与脚尖方向一致。在卷起脊柱,抬高臀部时,膝盖容易向外打开。

❷逐节卷动脊柱,避免身体一整片地抬起和下放。

4）肩桥预备

生活离不开骨盆的运动，而臀部肌群在骨盆运动中堪比"发动机"，本练习在经典徒手训练"桥"（Bridge）的基础上加入了单侧支撑下的屈膝抬腿的动作，对于支撑腿来说需要收紧臀肌和腰背肌群，用来保持骨盆高度以及左右两侧的平衡及稳定。

益处：强化臀肌和腰背肌，增加骨盆的动态稳定性。

动作步骤

❶ 仰卧，保持脊柱自然中立位，并且屈膝90°，双腿分开至与臀部同宽，两腿保持平行，双脚平放于地面，脚掌放松，双手置于身体两侧。

❷ 吸气，保持身体不动；呼气，收缩腹部，引领骨盆后倾，抬高耻骨，向上逐节卷动脊柱，直至身体从膝盖到肩膀呈一条直线。

❸ 吸气，保持骨盆稳定，膝关节的角度不变，屈髋提起右腿。

- 保持膝关节的角度
- 保持骨盆高度，避免骨盆左右倾斜
- 双手臂紧贴地面
- 肩部放松
- 腰腹部收紧

❹ 保持骨盆不动，呼气，慢慢放低腿部，交换另一侧腿部。

❺ 在完成提腿重复次数后，逐节脊柱返回到垫上。

重复：4～6次。

动作变化

❶ 改变动作节奏：单侧屈髋抬腿重复 4～6 次，再交换另一侧重复。

❷ 难度调整：屈肘，以双手抵住髋部两侧，支撑骨盆。

❸ 难度升级：抬高双手，向上指向天花板。

❹ 辅助器材 1：身体躺在泡沫轴上，完成动作练习。

❺ 辅助器材 2：双脚踩在普拉提平衡盘、泡沫轴或健身球上，完成动作练习。

❻ 辅助器材 3：双手握住魔力圈向内均匀施压，抬高双手。

❼ 以上动作变化也可相互结合运用，挑战核心力量的稳定性及协调能力。

想象技巧

❶ 想象整个躯干变成一个稳定的斜桥状固体，保持臀部的高度。

❷ 想象你的腰部下侧架着一枚针，小心不要让针扎到你。

注意事项

❶ 腰腹部收紧，稳定骨盆区域，在腿部抬高和下放时始终保持臀部高度。

❷ 在下放腿部时，先从脚趾触地过渡到整个脚掌落回地板，再转移重心。

❸ 在腿部运动时，避免骨盆下沉或左右倾斜。

❹ 肘关节有问题或感到不适时，避免动作变化。

5) 天鹅宝宝

脊柱为整个身体重力线的基准，保持脊柱的良好姿态不但有利于外在形体，而且对于各个身体环节的运动之有效性都有帮助。多数现代人因为伏案、手机和电脑操作、阅读、驾驶等这些不良工作、生活方式容易造成圆肩驼背的情况。"天鹅宝宝"来源于普拉提，是经典的徒手背伸系列的基础练习，对于久坐方式的现代人来说是一个非常好的反向平衡动作，规律练习，必会收到神奇的练习效果。

益处：强化背伸肌肉，改善姿态，提高脊柱的伸展能力，并有助于增加骨盆的稳定性。

动作步骤

❶ 俯卧，双手置于肩膀两侧，肘关节往外，将前臂呈"八"字分开，两腿分开与髋同宽。

❷ 吸气，伸长颈椎和脊骨，肩膀继续下沉，收缩腹部，同时集中后背部的力量抬起上半身伸展背部，头部和颈部保持在一条弧线上。

- 脖颈舒展延伸
- 脊柱向前自然延伸
- 双腿保持贴于地面
- 骨盆稳定
- 收腹
- 肩膀放松下沉
- 目光向下
- 肘关节打开

❸ 呼气，收缩腹部，身体继续向远端延伸，同时有控制地将躯干放低回到垫上。

重复：4～8次。

动作变化

❶改变呼吸和动作节奏：吸气时，保持身体静止；呼气时抬起上身；再吸气，在顶端停留；呼气，慢慢下放。

❷难度升级1：打开肘关节角度，使肘关节屈曲约成90°。

❸难度升级2：将肘关节靠拢身体，在身体抬高和下放时分别加入肩胛下压回拉和上提前耸。

❹难度升级3：将两手向后贴于两大腿外侧。

❺难度升级4：在身体抬起时或抬起后，将两臂抬高。

❻辅助器材：双腿之间夹住普拉提小球，向内均匀施压，以增强核心向内收缩的本体感受。

想象技巧

❶忘掉双手的支撑（尽管双手掌会微微下压），从核心躯干开始抬起身体、伸展背部而不是从手臂开始。

❷每一次抬高尽可能设想自己的脊柱延长，启动动作时想象你是一只海龟，把头向前延伸。

❸想象俯卧在沙滩上，每一次下放，都尽力让自己鼻子留下的印记向前延伸多一点。

❹髋部和两腿紧紧贴着垫子，想象大腿和骨盆被牢牢粘在地板上。

注意事项

❶不要追求抬起的高度，避免从腰部折叠身体。

❷练习中始终由深层核心向内收缩提供稳定，臀肌不需过分收紧。

❸要注意在抬起上身时，尽量避免用双臂来作为主要支撑点。

❹腰背痛者更需收紧腹部核心，并减小下背部的伸展幅度，仍感不适则略过此练习。

❺当身体抬高时，若感觉耻骨压痛，则应加厚训练垫或使用专业普拉提垫。

❻椎管狭窄者谨慎练习或略过此练习。

6）蛙泳式

这是一个徒手腰背肌群的进阶训练，"蛙泳式"将考验你在脊柱背伸时的核心稳定性。整个练习中，头颈部、脊柱和骨盆必须保持中立位延长感。

此练习除了加强我们身体后背及下腰部的力量，还有助于伸展脊柱，打开肩膀。在练习中一定要注意收紧腹部，避免塌腰，挤压腰椎。

益处：强化背伸肌肉，改善姿态，提高脊柱的伸展能力，收紧腰腹部，并有助于增加骨盆稳定性，预防下背痛。

动作步骤

❶ 俯卧，双手屈肘放在肩的两旁。

❷ 呼气，同时手臂向前延伸，但避免耸肩。

❸ 吸气，打开两手，手心向后，如同蛙泳中的推水动作，同时抬高头和肩膀，体会脊柱中轴延长。

- 避免向后仰头
- 脊柱向前延伸
- 不要塌腰
- 沉肩
- 收腹，肚脐拉向脊柱

❹先弯曲收拢肘关节，呼气时，手臂再次向前延伸，头部和身体向前延长放低，但不要完全落到地板上。

重复步骤❸和步骤❹，结束后，回到俯卧位。
重复：4～8次。

动作变化

❶难度调整：如果肩膀感觉紧张或下背部感觉压力较大，手臂延伸时可以不用伸直。

❷难度升级1：在整个练习过程中，上身始终抬起，保持高度不变。

❸难度升级2：双腿保持抬起，进行练习。

想象技巧

❶想象你的髋部和大腿已经被强力胶粘在地板上了一样，保持稳定。
❷想象你在游泳，手臂向后推水，身体尽力抬高，好像要将头露出水面换气，但避免仰头。

注意事项

❶保持脊柱自然延伸，尾骨内收，避免以塌腰来换取脊柱的伸展。
❷如果颈椎或肩膀感觉疼痛或不适，可使用动作变化❶来进行练习。
❸椎管狭窄者或下背部受伤者谨慎练习或略过此练习。

7）蚌式开合

这不仅仅是一个相对柔和的臀肌训练，它还能激活身体深层核心来让你学会控制骨盆的动态稳定。"蚌式开合"要求收臀开合腿部时凝聚身体核心来保持骨盆不产生前后的晃动。要获得最佳训练效果，初学者在一开始练习时节奏不要贪快，而是应该先将注意力放在找到身体正确控制骨盆稳定的感觉。

益处：强化臀肌，增强骨盆的稳定性。

动作步骤

❶侧卧，头枕在下侧手臂上方，另侧手放在胸腹前侧的垫上，双腿并拢，弯曲膝盖。

❷吸气，在保持骨盆稳定的前提下，打开上侧腿膝盖。

沉肩　掌心向上　双脚靠拢　手向前伸直　骨盆稳定　上侧手置于胸腹前侧

❸呼气，有控制地将双膝合拢。

重复：两侧各 6~10 次。

动作变化

❶难度调整：将手放在髋骨上方或身体后侧来稳定骨盆以及帮助感知骨盆是否后倾。

❷ 难度升级1：将双腿脚踝保持并拢抬高，保持脚踝高度不变，进行开合练习。

❸ 难度升级2：将下侧腿膝盖伸直，上侧腿脚背（靠近大脚趾部分）抵在下侧腿膝盖后侧。

想象技巧

收缩腰腹核心，保持骨盆稳定，以髋关节和双脚作为支点，想象膝盖像蚌壳一样开合运动。

注意事项

❶ 打开膝盖时，骨盆仍然保持在中间，不要往后倾斜。
❷ 膝盖保持合适的屈曲角度，双脚应在脊柱的延长线上。
❸ 如果肩膀感觉不适，可以在头下方垫上毛巾以适当加高头位。

8）侧卧单腿画圈

骨盆承上启下，在性生活中骨盆既要灵活有力，又要具备一定的稳定性，避免过度的代偿性动作产生。"侧卧单腿画圈"貌似幅度较小，但是因为做动作时凝聚核心区域控制了骨盆稳定，调动了臀部以及骨盆区域的深层肌肉，所以很多初学者在练习后，臀侧肌群会有从未有过的酸痛和收紧的感觉。

益处：强化臀侧肌群，收紧腰腹部，提高骨盆动态稳定性。

动作步骤

❶ 侧卧，髋部微屈，双腿向前与身体约成 30°上下交叠。肘关节支在垫子上，下侧手在耳后支撑住头部，上侧手放在胸前支撑。保持肩膀、髋部都垂直于地面，双腿呈"普拉提站姿"。

❷ 吸气，上侧腿由前往上顺时针画半圈；呼气，腿再往后往下画半圈回到原位。腿画圈的时候保持肩膀、躯干和髋稳定。

沉肩

❸ 完成画圈次数后，以逆时针方向进行画圈练习。

重复：两腿两个方向各重复 6～10 次。

腿部伸展延长
骨盆稳定，避免摇晃
脖颈舒展
收缩腹部
肘关节稳定支撑
上侧支撑手压向垫子

第四章 特殊人群的普拉提训练方案

动作变化

❶改变腿位——将两腿由"普拉提站姿"变为"平行站姿"。当腿部成平行位置时画圈幅度会相应减小。

❷难度调整1：改变支撑手位——伸直下侧手臂，把头放在下侧的手臂上。

❸难度调整2：改变支撑腿位——下侧腿屈膝以增大支撑平面。

❹难度升级1：改变圈的大小——在身体稳定、髋部允许的范围内尽可能画大圈。反之，减小画圈的幅度可减小动作难度。

❺难度升级2：改变支撑手位——双手手指交叉抱于头后，肘关节打开，在下面的肘关节上找到平衡支撑点。

❻难度升级3：挑战上、下肢的动作协调，当腿画圈的时候，上面的手臂前后摆动。

想象技巧

❶想象在你的肩膀和髋上方有一杯咖啡，不要让它溅出来。

❷骨盆与地面垂直，保持腿部伸长，想象你的上侧腿在墙上画圈。

注意事项

❶在动作练习中，始终保持肩膀和髋部在同一直线上，避免身体前后扭动。

❷肩部较宽或颈部有问题者，如采用动作变化❷，可在头部下面垫入一块毛巾以减小颈部压力。

❸髋关节有问题者，可减小动作的幅度或减小重复次数，仍感到不适者略过此动作。

9）猫背伸展

现代人久坐少动，如果平日已经腰背酸痛，如何在性生活中游刃有余呢？"猫背伸展"能够释放肩颈腰背区域过度的紧张，促进脊柱的灵活性，以及强化肩带稳定肌群。要获得最佳训练效果，必须先让双腿和双臂肩胛保持稳固，然后在练习时想象你的脊柱像猫或蛇一样柔软，试着每次骨盆运动引导逐节移动脊柱。

动作步骤

❶四足支撑，手臂保持伸直，并和大腿一同都垂直于地面，身体处于自然中立位。

❷吸气，身体保持不动，肋骨向两侧方向打开。呼气时，收缩腹部，尾骨往内卷，逐节带动脊柱，肩胛向两侧慢慢滑动，直到把上身的脊柱推向天花板，拱起背部，让身体形成一个开口向下的"C"形。

❸吸气时，从尾骨打开开始启动，如波浪般逐节反向推动脊柱。两侧肩胛骨滑动，向中心靠近。让胸骨往地板下垂，抬头，将胸骨稍稍向前拉长，脊柱向上呈反向伸展。

猫背伸展（Cat Stretch）

目标 伸展背部，打开胸廓和肩膀，使脊柱各关节活动。

重复次数：两个方向各伸展2~4次。
伸展方法：动态伸展，或静态伸展，保持10~20秒。

注意事项

❶不要锁住肘关节。若肘关节有超伸现象，则可将双臂微微内旋，以减小对关节的压力。

❷不要与瑜伽的"猫伸展"练习相互混淆。在做第❸步向上伸展背部时，要保持均匀的、自然的屈度，以避免过度后仰头部，以及用塌腰换取背伸展的幅度。

第四章 特殊人群的普拉提训练方案

10）俯撑抬腿

千万别以为，性生活只是下半身干的活儿，稳定而有力量的躯干同样会在性生活中发挥很重要的作用。"俯撑抬腿"看起来只是动动腿，实际上，却是个整体性的全身练习动作。

这个动作要求在整个动作过程中，身体从头到脚始终保持一直线，头颈部不能往下沉，肩胛骨必须保持平贴背部，不能让你的肩胛骨内侧像鸡翼一样顶出来，还要收紧腹部，避免塌腰、弓背、抬臀，躯干在练习中要求保持完全稳定。

益处：强化臀后肌群，收紧腰腹部，增强身体核心、肩带以及腰盆的稳定性。

动作步骤

❶ 身体作俯卧撑起时的斜板姿势，肩膀位于手腕的上方。双腿靠拢在一起，腹部收紧，头、躯干和脚在一直线上，眼睛视线向下。

❷ 吸气，左侧腿绷紧，脚尖往后指，往天花板抬起两次。凝聚轴心，身体稳定，始终保持躯干的直线和髋部的高度。

❸ 呼气，腿放低回到垫上。另一条腿重复动作。

重复：两侧重复 4 ~ 6 组。

动作变化

❶ 改变抬腿次数：只抬腿一次或者增加抬腿的次数，交替换腿。

❷ 难度升级1：增加支撑腿的脚踝变化，身体重心随之向后和向前移动。

❸ 难度升级2：在抬起腿后，加入平行外展。

❹ 辅助器材1：手撑住BOSU球进行练习。

❺ 辅助器材2：脚踩在泡沫轴上进行练习。

❻ 辅助器材3：脚踩在平衡垫上进行练习。

想象技巧

❶ 从头部到脚，使身体保持一直线。想象你的后背上有一块木板，它始终碰到你的头部后侧、上背部、骶骨和脚后跟，在完成抬腿动作时保持它不要移动。

❷ 想象你的腹部下方有一盆仙人掌，身体重心保持一定高度，小心不要让仙人掌扎到你。

注意事项

❶ 自始至终不要让臀部翘起来。
❷ 抬腿的时候，收紧腹部，不要让骨盆往下沉。
❸ 不要为了追求抬腿高度而让骨盆倾斜。
❹ 伸直手臂，但避免肘关节锁死超伸。
❺ 如果手腕不适或有受伤的，可以垫高手位来减小手腕压力，或者略过此练习。

10 脊柱后凸（驼背）

"脊柱后凸"（驼背）是一种较为常见的脊柱变形，是胸椎后突引起的形态改变。我们俗称的驼背，也就是从侧面观察胸椎显得过度后凸，常常伴有头部向前（Forward Head）、圆肩以及骨盆后倾的现象。

大多数驼背都是由长期的不良姿势引起的，所以也称之为"姿势性驼背"。这主要是由背部肌肉薄弱、松弛无力导致的。普拉提运动的主要矫正原理是平衡练习者脊柱前后两侧的肌肉压力，强化背部伸展肌群、肩胛稳定及下压肌群，同时伸展胸部和肩膀。

◆ **普拉提运动的益处**

❶ 改善身体姿态，让身体变得更为挺拔。
❷ 纠正圆肩，预防和缓解颈椎问题。
❸ 改善脊柱周围失衡的肌张力水平，增加脊柱的灵活性，预防和减小背痛。
❹ 促进呼吸循环系统的健康水平。

◆ **普拉提针对性练习**

生活中的姿势训练

参见第一章第三节中的基础性练习。

普拉提动作

请参照随书赠送的视频文件开展练习，也可以参照本节精选的10个动作进行有针对性的练习。

1）背壁站立

挺拔的脊柱除了外形给人感觉精神抖擞外，也会让脊椎之间的力学关系更加趋向合理和稳定，减小肌肉的额外负担。

目的

找到身体各部分的中立位置，形成正确姿态的肌肉记忆，平衡身体中轴的肌张力水平。

练习方法

背部靠墙站立，双脚呈"普拉提站姿"，脚跟离墙壁大约20厘米，身体后脑、上背部和骶骨均触及墙面，微微收颏，颈部后侧肌肉沿墙壁向上拉长，肩膀放松下沉，提臀收腹，为形成肌肉记忆，可以视情况停留稍长时间。

动作步骤

❶髋关节微微内旋，让脚尖向前，呈"平行站姿"。
❷在熟练动作练习后，可以离开墙面，但保持身体位置依旧像靠着墙壁一样。

想象技巧

头部靠于墙上，可以想象有一根绳子将你的头顶心拉向天花板。

注意事项

❶挺胸，但避免塌腰和肋骨外翻。
❷在保持自然呼吸非常自如后，可尝试进入普拉提的"横向呼吸法"。
❸背部向墙壁方向稍稍后压，颈部或肩膀若有问题，可让头部稍稍离开墙壁。

2）双手画圈

此动作对于驼背纠正来说，重点并非是抬抬手这么简单，而是在前面那个"背壁站立"找到身体中立的感觉之后，使躯干核心保持动态的稳定。注意练习中要避免手臂僵硬的绷直，"双手画圈"看似简单，很多初学者往往只注意"形"的演练，忽略了躯干和骨盆区域的稳定。切记不要做得太快，在理解动作后，注意呼吸的配合。

目的

学习如何使用核心肌肉来控制自己的中立位。并通过中立位前提下的上肢运动，发现自己的上肢活动范围。

动作步骤

❶ "背壁站立"站姿，两肩放松下沉，微微后压靠近墙面，双手自然放松。

❷ 吸气，保持身体靠墙的前提下，慢慢向前向上举起双臂。

❸ 呼气，双臂慢慢由两侧放下还原。

重复：3～6次。

动作变化

❶ 保持"背壁站立"站姿，离开墙壁，完成同样动作。

❷ 改变画圈轨迹：双手由两侧慢慢起来，向前慢慢放下或直接沿两侧慢慢放下。

❸ 仰卧位置练习，要求同上。

想象技巧

❶ 手臂向上抬起时，肩膀放松，想象双手手腕上分别系着两个氢气球，由气球的上浮力量带动手臂慢慢提起。下放时，感觉气球逐渐泄气，手臂随之慢慢下沉。

❷ 想象你是一个具有优雅气质的芭蕾舞演员，保持头颈始终向上拉长，沉肩，收腹。

❸ 想象躯干的骨盆区域以上部分已经被水泥浇固在墙面或地面上，只有手臂可以灵活滑动。

注意事项

❶ 手臂画圈幅度避免过大，始终保持脊柱中立位。

❷ 注意动作和呼吸的配合及协调。

❸ 肩关节有问题者减小画圈幅度。

3）向下卷动

久坐少动是现代人的常态，这不但令帮你挺直腰板的背伸肌群和核心肌群力量下降，也让脊柱关节的灵活度逐渐减退。"向下卷动"需要你调动身体核心，在练习时逐节起落每一个脊柱关节，感受身体"脊柱的逐节运动"。此练习可以迅速调节你颈肩背部区域的肌肉紧张，有驼背现象的习练者要注意，在向上反方向逐步卷回还原的过程中，要先启动骨盆底肌收缩以及收紧腰腹部，再引导脊柱向上卷回。

目的

专注力的培养，调动身体核心肌肉，体会脊柱的逐节滑动。

动作步骤

❶ "背壁站立"站姿，两肩放松下沉，微微后压靠近墙面，双手自然放松。

❷ 吸气，头向上顶，感觉脊柱更加拉长一些；呼气，身体开始启动下卷动作。首先低下头，让下巴靠近身体，然后放松双肩，两臂放松自然垂于身体两侧稍前方。腹部内收，骨盆向上提。继续向下卷动，让身体剥离墙面，肚脐继续向上提，肋骨、上背部离开墙壁，头部和双臂完全放松，自由垂落。

❸ 吸气，收缩骨盆底肌、腹部，继而带动身体向上卷动到起始位置。

重复：4～6次。

动作变化

❶ 离开墙壁完成，但是同样需要假想身体在沿着墙面卷下和还原。

❷ 呼吸变化：在下卷位置停留，做一个吸气，以呼气协助向内收缩腹部，拉动身体卷回还原。

❸ 辅助器材：站立在泡沫轴上进行练习，挑战平衡。

想象技巧

❶ 想象自己就像粘在墙壁上的一张墙纸一样，当下卷时设想在慢慢地被往下撕下，剥离墙面，往上还原时想象有一个无形的滚筒由下而上的推动你，把你粘回墙面。

❷ 往下时想象剥香蕉皮的情景，设想你就像香蕉皮一样被慢慢往下剥落。

注意事项

❶ 还原时应启动核心力量，逐节脊柱被拉动还原。

❷ 如果你的颈部和肩膀感到非常紧张，可以适当减小活动幅度。

❸ 有椎间盘突出或腰背痛者，谨慎练习或略过此练习。

4）四足游泳

驼背姿态在长时间肌肉张力失衡之后，会形成大脑的新的固有姿态排列模式，我们把它称为"无意识的错误"。

"四足游泳"看起来只是动一动对侧手和脚，而实际上以矫正驼背为目的的练习重点是，它要求脊柱调整到中立位之后保持住，有效地协调神经和深层肌肉来控制在各步骤转换过程中的脊柱的动态平衡。在伸展四肢的过程中，肩带、脊柱和腰盆处稳定不动，始终保持动作中的控制。

益处：培养脊柱中立位的控制意识，并增强肩带、脊柱和骨盆的动态稳定性。

动作步骤

❶ 四足支撑，手臂和双腿垂直于地面，保持脊柱处于自然中立位。

❷ 吸气，将左腿向后延伸，然后抬高到髋部的高度，不要改变后背的姿势；同时抬起右手向前延伸，不要改变肩的姿势。

❸ 呼气，收缩腹部，将左腿和右手同时收回。

重复练习，交换对侧的手臂和腿部向两侧伸展。
重复：每侧各4~8次。

沉肩
腹部收紧
腰盆稳定
脊柱中立位
脖颈舒展

想象技巧
❶想象手臂和对侧的脚向两个方向延伸对拉。
❷想象你的腰骶上方有一杯热茶，在抬起手臂和延伸抬高腿部的时候不要让它倒翻。

注意事项
❶练习时肩膀和臀部避免左右摇摆重心。
❷稳定核心，专注于把手和脚向两侧延伸而不是抬高。

动作变化
❶改变呼吸节奏：更有助于核心稳定的呼吸配合——呼气时延伸手臂和对侧腿部；吸气时，收回对角的手臂和腿部。
❷难度调整1：保持腰盆稳定，手臂不动，只做腿部的伸展动作。

❸难度调整2：保持腰盆稳定，腿部不动，只做手臂的伸展动作。

❹辅助器材：把泡沫轴放在脊柱上方，不要影响泡沫轴的位置，完成动作。

5）腹肌伸展

身体的运动系统受神经系统的控制和支配，而大脑总是倾向以最小的能量付出来完成身体所需要执行的任务。因为身体的脊柱位于躯干后方，所以一旦人放松坐姿的时候，就会不自觉地呈弯腰弓背的驼背状。

因此久坐人群，由于人的重心偏向在前，所以腹部肌群长时间就会处于放松且缩短的一个状态里面。如若要改变驼背的情况，除了增强腰背肌肉群的力量把梁给竖起来外，还有必要在强化腰腹肌的同时拉伸时常处于短缩状态的腹部肌群。

腹肌伸展 1

俯卧，肘关节弯曲，以双手前臂支撑，使大臂与地面保持垂直，抬高头和上半身。腹部往内收缩。

腹肌伸展 2

用手掌撑地，慢慢抬高身体，手臂不一定需要完全伸直，直至感到腹部肌肉的拉长伸展即可，再稍稍将肚脐拉向脊柱。

目标 伸展腹部肌肉。

重复次数：1～2次。

伸展方法：静态伸展，保持20～30秒。

注意事项

❶ 双手往下支撑用力，不要耸肩。
❷ 避免下背部感到压力，保持脊柱中立位，不要塌腰。
❸ 收腹，感觉从髋部向上拔高。

6）天鹅宝宝

对于伏案久坐或随着年龄增长肌力减退导致的不同程度的圆肩驼背，徒手背伸练习是最直接的反向平衡动作。"天鹅宝宝"来源于普拉提背伸动作的基础练习，要求下段脊柱和腰椎骨盆不离开地面，头颈部、肩和上背向前延伸，向上伸展。注意呼吸的配合，腰腹部一定要预先收缩，以保持下端的稳定，头颈部和背部维持在一条延长线上。

益处：强化背伸肌肉，提高脊柱的伸展能力，并有助于增加骨盆和肩胛骨的稳定性。

动作步骤

❶ 俯卧，双手置于肩膀两侧，肘关节往外，将前臂呈"八"字分开，两腿分开与髋同宽。

❷ 吸气，伸长颈椎和脊骨，肩膀继续下沉，收缩腹部，同时集中后背部的力量抬起上半身伸展背部，头部和颈部保持在一条弧线上。

❸ 呼气，收缩腹部，身体继续向远端延伸，同时有控制地将躯干放低回到垫上。

重复：4～8次。

动作变化

❶改变呼吸和动作节奏：吸气时，保持身体静止；呼气时抬起上身；再吸气，在顶端停留；呼气，慢慢下放。

❷难度升级1：打开肘关节角度，使肘关节屈曲约成90°。

❸难度升级2：将肘关节靠拢身体，在身体抬高和下放时分别加入肩胛下压回拉和上提前耸。

❹难度升级3：将两手向后贴于两大腿外侧。

❺难度升级4：在身体抬起时或抬起后，将两臂抬高。

❻辅助器材：双腿之间夹住普拉提小球，向内均匀施压，以增强核心向内收缩的本体感受。

想象技巧

❶忘掉双手的支撑（尽管双手掌会微微下压），从核心躯干开始抬起身体、伸展背部而不是从手臂开始。

❷每一次抬高尽可能设想自己的脊柱延长，启动动作时想象你是一只海龟，把头向前延伸。

❸想象俯卧在沙滩上，每一次下放，都尽力让自己鼻子留下的印记向前延伸多一点。

❹髋部和两腿紧紧贴着垫子，想象大腿和骨盆被牢牢粘在地板上。

注意事项

❶不要追求抬起的高度，避免从腰部折叠身体。

❷练习中始终由深层核心向内收缩提供稳定，臀肌不需过分收紧。

❸要注意在抬起上身时，尽量避免用双臂来作为主要支撑点。

❹腰背痛者更需收紧腹部核心，并减小下背部的伸展幅度，仍感不适则略过此练习。

❺当身体抬高时，若感觉耻骨压痛，则应加厚训练垫或使用专业普拉提垫。

❻椎管狭窄者谨慎练习或略过此练习。

7）天鹅翘首

"天鹅翘首"可以被看作加强版的"天鹅宝宝",无论对于身体腰背部的力量,还是对于躯干前侧肌群的伸展幅度要求更多。初学者一定要控制身体抬高的幅度在自己可接受的位置,过高则反令腰部不适。这个动作对于驼背者来说是一个很好的反向徒手训练动作,在练习中一定要注意收紧腹部,控制深层腹横肌收缩,使得胸腰筋膜向内裹紧来加固腰椎,让脊骨得到一个自然的"C"形伸展。

益处:伸展脊柱,强化后背伸展肌群,打开肩膀和前胸,改善圆肩驼背体态。

动作步骤

❶ 俯卧于垫上,弯曲肘部,手掌在身体两侧,双臂靠近身体,肩膀下沉放松。双腿分开与骨盆同宽,保持大腿和髋部前侧贴地。

❷ 吸气,收紧腹部,肩胛骨往后滑,脖颈向前延长来启动动作,然后后背和下腰部用力,慢慢抬起头部和后背。

避免向后仰头
脊柱向前延伸
不要塌腰
沉肩
髋部和双腿保持稳定
收腹,肚脐拉向脊柱

❸ 在最高点不要停顿,开始用手掌做支撑继续抬高身体,直至手臂推直或背部感觉无法继续再伸展为止。使肩膀远离耳朵,保持头部和脊柱在一条自然弧线上。

❹ 呼气,慢慢放低身体,回到垫上。

重复:4~6次。

动作变化

❶改变起始手的位置：双手打开，肘关节向外指，并可稍稍置前，放松肩膀。

❷加入颈部放松练习：在步骤3完成后停留在顶端，做一次左右颈部旋转练习，然后下放还原。

❸辅助器材1：在两腿之间夹入普拉提小球，双腿向内并拢施压。

❹辅助器材2：手臂伸直，在前臂下方放置泡沫轴，在练习时泡沫轴随身体运动而前后滚动，辅助脊骨伸展。

想象技巧

❶在启动动作时，尽可能向前延长脊柱，想象你是一只海龟，把头从壳里伸出来。

❷始终保持肩膀下沉，保持肩膀的宽度和脖子的长度。

注意事项

❶保持脊柱自然延伸，尾骨内收，避免以塌腰来换取脊柱的伸展。

❷注意下落还原时脊柱及头颈部自然向前延伸。

❸如果肩膀或手肘感觉疼痛或不适，可使用动作变化❶来完成动作。

❹椎管狭窄者或下背部受伤者谨慎练习或略过此练习。

8）蛙泳式

"蛙泳式"在练习的时候要求俯身位躯干保持悬空，双手动作犹如在水中游泳一样。驼背者因脊柱后方的伸展肌群长期处于被动拉长的状态，所以在这个练习中需要集中注意力更好地控制身体，使之处于脊柱伸展的位置。在练习中双腿和骨盆要保持稳定，一定要注意收紧腰腹部核心，避免塌腰，挤压腰椎。

益处：伸展脊柱，强化后背伸展肌群，打开肩膀和前胸，改善圆肩驼背体态。

动作步骤

❶ 俯卧，双手屈肘放在肩的两旁。

❷ 呼气，同时手臂向前延伸，但避免耸肩。

❸ 吸气，打开两手，手心向后，如同蛙泳中的推水一样，同时抬高头和肩膀，体会脊柱中轴延长。

避免向后仰头
脊柱向前延伸
不要塌腰
沉肩
收腹，肚脐拉向脊柱

❹先弯曲收拢肘关节，呼气时，手臂再次向前延伸，头部和身体向前延长放低，但不要完全落到地板上。

重复步骤❸和步骤❹，结束后，回到俯卧位。
重复：4~8次。

动作变化
❶难度调整：如果肩膀感觉紧张或下背部感觉压力较大，手臂延伸时可以不用伸直。

❷难度升级1：在整个练习过程中，上身始终抬起，保持高度不变。

❸难度升级2：双腿保持抬起，进行练习。

想象技巧
❶想象你的髋部和大腿已经被强力胶粘在地板上了一样，保持稳定。
❷想象你在游泳，手臂向后推水，身体尽力抬高，好像要将头露出水面换气，但避免仰头。

注意事项
❶保持脊柱自然延伸，尾骨内收，避免以塌腰来换取脊柱的伸展。
❷如果颈椎或肩膀感觉疼痛或不适，可使用动作变化❶来进行练习。
❸椎管狭窄者或下背部受伤者谨慎练习或略过此练习。

9）直背起桥

健康挺拔的脊柱需要有力的后背肌群来维持姿态。"直背起桥"是一个仰卧体位下强化后背肌群的经典徒手训练，要求髋部抬高和下放的整个过程中收缩身体后背肌群来控制脊柱维持笔直的状态。

益处：增加脊柱的稳定性，强化臀肌、股后腘绳肌和后背竖棘肌等后背伸展肌群，改善驼背体态。

动作步骤

① 仰卧，屈膝，双足平放在地上，两臂放在身体两侧，保持脊柱的中立位。

② 呼气，保持脊柱挺直往上提起，使后背离开垫子。
③ 吸气，慢慢有控制地下放。

重复：8~10次。

动作变化

❶难度升级：将一侧小腿抬起横放在另一侧大腿上方，完成抬起练习。

❷难度升级：抬起双手，与身体成90°，肘和肩部放松，完成动作练习。

❸辅助器材1：身体躺在泡沫轴上，完成动作练习。

❹辅助器材2：双脚踩在普拉提健身球上，完成动作练习。

❺辅助器材3：双腿膝盖之间夹一个魔力圈或普拉提小球，以协助身体核心向内收缩。

❻辅助器材4：双手握住魔力圈向内稳定施压，抬起双手保持不动。

❼辅助器材5：双手交叉放于胸前，在肩膀和上背部区域加入平衡垫。

❽辅助器材6：若能熟练按要求完成动作练习，以上变化可以相互结合，迅速使动作难度升级，以挑战身体核心的稳定性。

注意事项

❶颈部和肩膀放松。

❷保持骨盆稳定，不要向任何一侧倾斜（包括动作变化❶练习）。

❸抬髋时，避免卷曲背部；髋部下放时，先把骶骨部分落在垫子上。

10）坐姿脊柱旋转

转身拿一杯咖啡、递交一件物品，羽毛球扬拍扣杀，或高尔夫挥杆……生活中我们到处充满了脊柱旋转的动作。驼背者的徒手矫正训练不仅仅需要调整脊柱回到挺拔中立的位置，而且需要在其他多平面的动作中，学习如何控制脊柱的动态稳定。"坐姿脊柱旋转"在练习时要求身体像拧螺丝一般从躯干的核心流畅和缓地扭转。在旋转时，腰腹部核心收缩，想象伸展开每一个脊柱小关节间的空间，让身体向天花板上方延伸，同时保持脸部和肩膀的放松。

益处：培养脊柱挺拔中立位的意识，增加脊柱回旋的活动范围。

动作步骤

❶ 身体坐直，脊柱向上伸展，两腿并拢往前伸直，脚尖向上。手臂伸直往两旁打开，向两侧自然延伸，掌心向下。

- 沉肩
- 头顶向上虚顶
- 双臂在练习中始终保持一条直线
- 脊柱中立位
- 从腰部开始转动
- 腹部收缩
- 双腿并拢避免前后移动
- 脚尖向上

❷ 用鼻式呼吸吸气；呼气时，身体从脊柱底部开始向右边扭转。快速扭转两次，在第二拍时尽力再推进多一点。在旋转时骨盆保持稳定，双腿不要前后移动。

❸ 吸气，旋转回到开始的位置。继而呼气转向另一侧。

重复：4～8个回合。

动作变化

❶ 改变动作节奏：呼气时只转动一次。

❷ 难度调整1：如果腘绳肌太紧或背部虚弱而不能坐直的话，将两腿稍稍分开，稍稍弯曲膝盖。

❸ 难度调整2：肘关节稍稍弯曲，沉肩，掌心向前。

❹ 辅助器材：坐在泡沫轴上进行练习。

想象技巧

❶ 想象你的臀部和两腿被凝固在水泥里，当身体躯干扭转的时候，保持下半身完全稳定。
❷ 想象你的两脚被粘在对面的墙上，所以两脚无法前后移动。
❸ 每一次扭转和回原都尽力向上拔长身体，想象自己长得更高了。

注意事项

❶ 如果肩膀有问题或感觉不适，可以动作变化❸来减轻肩部的紧张感。
❷ 在每一次扭转时，要让呼气尽量彻底。
❸ 若下背部受伤或腘绳肌太过紧张，可以结合动作变化❷和❹来降低难度。

常见问题与解答

Q：我的体重还算标准，在很多人眼里甚至是瘦的那一类，不过现在发现腹部越来越松。练习普拉提能够有作用吗？

A：是的，它能帮助你。对于任何人来说，随着年龄的增长，腰腹部肌肉机能退化表现出来的松弛都是一个自然的现象，尤其对久坐工作的人来说更加明显。普拉提讲究身体核心的控制，而几乎所有的普拉提练习动作都需要你以收缩腰腹部为前提，再进行各种体位的练习以及呼吸和拉伸的相互配合。因而，通过有规律地练习普拉提，同时在生活中注意坚持运用普拉提收腹原则（参见本书第一章第三节的内容），你一定会很快发现你的改变的。

Q：我今年35岁，患有腰椎间盘突出症。医生说我需要增强腰背肌的力量。练习普拉提会有帮助吗？

A：当你已经度过症状急性期时，随着病情的好转，可积极介入有针对性的普拉提练习，适当训练量和运动强度的普拉提练习对你非常有帮助。通过循序渐进地练习，当腰腹部区域那些稳定腰椎周围的深层肌肉得到强化后，会有助于减缓椎间盘所受的压力，改善腰椎功能，增加腰椎的稳定性。不过，练习时要确保动作的准确性。另外，不要做那些腰椎抗阻力屈曲及扭转的练习。更多有关腰椎间盘突出的训练方法，可参阅本书相关内容。

Q：我在淘宝上开了一家小店，每天都要在电脑前花很多的时间，现在脖子经常觉得不舒服。普拉提能够帮助我吗？没有足够的时间赶去健身房练习，我该如何开始练习呢？

A：长时间地面对着电脑，非常容易导致肩颈部位肌肉的失衡和僵硬等，若是加之操作电脑时姿态不良，则更容易导致颈椎出现问题。普拉提运动模式讲究肌肉的平衡练习，要求肌肉在保持中立位的姿势下进行练习，强调身体核心的训练贯穿整个练习过程，所以有规律地练习普拉提，能帮助你缓解过度紧张的肌肉压力，收紧那些松弛的肌肉。另外，由于普拉提更关注于如何改善身体各部分的整体运动模式，所以在每天日常的电脑操作中贯穿普拉提的训练原则，你就能马上感受到它的益处。更多相关信息可参阅本书第一章第一节中有关电脑操作的内容。

对于没有足够时间去健身房练习的人来说，普拉提是一个非常好的健身方式。它的妙处就是不受场地限制，拿块垫子，甚至在地板上就能练习。开始练习时建议先熟悉本书中的基本术语和介绍练习的章节。这非常重要。接着，从入门动作开始，在掌握动作后循序渐进地进行下一步学习。即使每天15分钟的练习，也会对你有很大的帮助。有关详细内容可参阅本书第二章。

Q：普拉提与瑜伽有什么区别？

A：实际上，这两个体系都具有各自完整的较宽泛的身心修炼方法，且各有侧重。如果纯粹从动作练习的角度将普拉提和目前较为流行的哈达瑜伽（Hatha Yoga）练习方法进行对比，则普拉提的训练更强调腰腹核心和脊柱相关的稳定性和控制能力的发展，侧重肌肉力量、柔韧性以及协调性的平衡，因而动作形式上主要是动态的练习。瑜伽更侧重身体柔韧性素质的发展，形式上以静态的肌肉拉伸、伸展为主，往往是保持某个伸展的姿势几个呼吸或更长的时间，维持伸展期间进行内观，让身心都尽可能地放松。

Q：为什么我每次上完普拉提课，颈部都感觉到不舒服？

A：不少初学者在练习完之后感觉腰腹核心区域没有明显的不适，而脖子却酸得要命。这往往是由于没有很好地把头部位置控制、稳定住，在一些卷腹动作的启动或下落时不自觉地后仰，或下巴过度贴近胸前而造成的。建议可以先进行"点头伸颈"的练习，在脊柱屈曲时学习如何进行正确的启动。当你能够感知并有效地控制颈部的位置时，颈部的用力应是恰当的，不会造成格外酸痛等不适的感觉了。

Q：普拉提能够帮助我减肥吗？如果可以，练习多久后能够看到效果？

A：减肥是能量消耗和摄入之间达成一种负平衡的关系问题。进行有规律的普拉提练习，不但有助于你减肥，还能够帮助你在减重的同时收紧你的身体，避免身体出现那种越减越松的状况。计算一下你的BMI体重指数（将你的体重除以身高的平方）。正常范围是18.5~23。如果你超标太多，则建议你结合有氧训练练习普拉提。这种减肥或保持体形的方法在国外非常流行，再配合健康的饮食，8周以后，你会看到明显的效果的。

Q：我刚生完小孩，以前从未进行过任何形式的锻炼。普拉提练习是否会带来危险？

A：恰恰相反。普拉提强调核心区域的训练，而增强腰腹部和骨盆底肌的收缩力能够降低产后患腰背痛和压力性尿失禁的风险，促进子宫及相关生殖器官早日复原。

如果刚刚生产完，则首先要遵从医师的指示。进行适度运动是有益的，但必须避免做那些过度或不当的运动。一些呼吸练习和骨盆底肌的收缩练习运动强度不大，但对产后恢复非常有帮助。如果没有伤口发炎或其他并发症，在产后数周之后，你就可以从低强度开始训练了，然后逐渐转为正常锻炼。你可以参阅本书第四章第四节中有关产后恢复的内容以获取更多信息。

Q：我是一个高尔夫爱好者，近段时间以来打完球以后，老感觉腰背部不太舒服。练习普拉提可否缓解或预防这个症状？另外，对于提高成绩，普拉提练习是否有明显帮助？

A：是的，它能够帮助你。下背痛是高尔夫练习者的常见损伤症状。打高尔夫看起来非常轻松，但事实上，在挥杆时，腰椎必须对抗和承受身体侧弯和旋转时的压力，以及向前向后的剪应力。过分强力的挥杆动作、重复的躯干旋转，尤其是长时间重复不正确的挥杆动作，都是引起高尔夫球爱好者下背部疼痛的主要原因。要解决这个问题，首先，不要忽略在高尔夫运动前、运动中和运动后的肌肉伸展和放松。其次，可以通过有规律的普拉提练习加强身体核心肌群，稳固腰椎，使身体在急速旋转中能够对抗强大的扭转力，避免可能造成的腰肌和椎体的扭伤或慢性劳损。如果你已经受伤，则应该在练习前征询医生的意见。

规范的普拉提练习能够帮助你显著提升高尔夫成绩。美国是最早把普拉提引入高尔夫界的国家。它更注重身体核心和各深层肌肉的协调力量训练。很多职业选手把它作为常规体能训练课程，并将它称为Golf-pilates(高尔夫普拉提)。它帮助包括Tiger Woods和Annika Sorenstam在内的许多顶尖选手取得了冠军。即便对于高尔夫初学者，它也有相当明显的效果。

Q：相比我的上身，我的大腿和臀部太过粗壮。普拉提练习能否让这些部位瘦下来？

A：事实情况并不像很多人想象的那样，练哪里就瘦哪里。身体是一个整体。它在很大程度上受到遗传因素的制约。可以设想一下，你和同伴抱着减肥的目的即使做同样的运动，吃同样的食物，你们身体的变化也是不一样的。不过可以肯定的是，由于所有的普拉提训练针对的都是身体核心，并强调练习中专注中轴和四肢的延长，每个动作在强化肌肉的同时又有拉伸作用，因此只要进行规律练习，就能够让你的腰腹部、臀部变得更为紧致有形，大腿看起来更为修长。

Q：我知道我需要锻炼，但是我工作很忙，感觉老是没有时间锻炼。即使空了下来，也只想休息，或者看会儿电视，以做消遣。对此，您有什么好的建议吗？

A：时间往往不是最重要的原因，重要的是我们是否觉得它很重要。我们总是把时间花在自己认为最重要的事情上。工作使你感到疲倦，而适度、适量的普拉提运动会让你的身体变得更加强健和轻松，头脑变得更为清晰，而当你身体变得更为强健，你的能量和精力变得更加充沛时，疲劳感反而会减轻，甚至离你而去。反过来，这也更有利于你的工作。因此，运动应该是你一天中必需而宝贵的那一部分，而普拉提就是一项你在家中就能方便地练习的运动形式。拿出看电视的时间来做普拉提练习吧。在开始时无须练习太长的时间，即使15分钟也可以，但最好将练习安排在一天中的同一个时间段。为自己设定现实可行的训练计划吧。你要坚持执行计划，且每隔4周就重新审视自己，对计划进行适当的调整，还要小小地奖励一下自己。要养成坚持做普拉提训练的习惯。当它真正成为你生活中的一部分时，你会惊喜地看到自己身体各个方面的变化。

Q：我热爱健美，向往拥有施瓦辛格一样的肌肉。普拉提能够帮助我吗？

A：普拉提的多数练习动作对于身体的大肌肉来讲运动负荷和强度并不是特别大，达不到健美所需要的超负荷水平。不过，尽管练习普拉提不会直接导致肌肉质量的显著提升和肌肉体积的大幅度增加，但是对于健美爱好者而言，在做大负荷强度的力量练习的同时，若能进行普拉提的辅助训练，就能够有效促进身体平衡、协调、柔韧以及神经肌肉控制等素质的发展，避免把身体肌肉练成那种僵化的"死肌肉"。

此外，做健美运动时脊柱关节，尤其是腰椎，以及肩关节、膝盖等人体重要关节承受的负荷相当大，非常容易受伤；而普拉提练习所强化的往往是脊柱和身体四肢各关节周围的那些深层肌肉。在大负荷力量练习时它们作为稳定肌的角色参与运动，对于运动时关节的支撑保护起着极其重要的作用。因此，与健美运动相比，普拉提练习具有保护脊柱和四肢关节、预防运动损伤的特殊作用。

Q：之前我有5年练习瑜伽的经验，而练习普拉提总找不到感觉，呼吸也难以协调，总觉得呼吸似乎是和瑜伽相反的。练习瑜伽和练习普拉提有矛盾吗？

A：事实正好相反。有很多普拉提教练同时也在练习或教授瑜伽，并且应该说二者还有互补和促进作用，因而有一种将二者融合在一起的练习方法，称为"瑜伽普拉提"或"瑜伽拉提"（Yogalates）。很多瑜伽爱好者在起初练习普拉提时总会不自觉地运用腹式呼吸，习惯把腹部连同身体共同放松，因此使得身体核心肌肉无法得到有效动员，对动作的内在感觉就更无法体会到，呼吸自然也会觉得别扭。建议在对核心的收缩和控制有了体会之后，再进行普拉提练习。只要这样做，就一定会有明显的改善的。